"十三五"国家重点出版物出版规划项目

知识产权经典译丛（第5辑）

国家知识产权局专利局复审和无效审理部◎组织编译

国家出版基金项目
NATIONAL PUBLICATION FOUNDATION

专利工程

构建高价值专利组合与控制市场指南

［美］唐纳德·S. 雷米（**Donald S. Rimai**）◎著

张秉斋　张亚东◎译

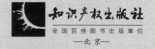

知识产权出版社
全国百佳图书出版单位
——北京——

图书在版编目（CIP）数据

专利工程：构建高价值专利组合与控制市场指南/（美）唐纳德·S. 雷米（Donald S. Rimai）著；张秉斋，张亚东译. —北京：知识产权出版社，2020. 1

书名原文：Patent Engineering：A Guide to Building a Valuable Patent Portfolio and Controlling the Marketplace

ISBN 978-7-5130-6343-2

Ⅰ.①专… Ⅱ.①唐… ②张… ③张… Ⅲ.①专利—研究 Ⅳ.①G306

中国版本图书馆 CIP 数据核字（2019）第 262260 号

内容提要

本书共分 11 章。第 1~3 章主要介绍专利工程的概念以及什么是更有保护力度的专利战略，说明了企业需要用专利工程的方法来构建强有力的专利组合，那就是尽可能拥有整个问题，并基于"特定问题"构建专利组合；第 4~7 章主要介绍了专利及发明人的基本概念和相关问题，以及基于专利工程方法的解决方案；第 8~10 章主要介绍了专利工程对企业和在全球经济中的重要作用，同时阐述了其对于国内和国际专利申请、维护以及成本控制和避免侵权诉讼的重要性；第 11 章重点介绍了专利工程中人的因素，即专利工程师这一重要角色对于实现专利战略以及专利工程的成功运用所起到的至关重要的作用，这一角色如何确保以问题为中心的专利战略的实现。

读者对象：专利分析师、专利律师、知识产权管理人员、科研人员、知识产权法官、专利审查员、企业管理者、工程师等。

选题策划：黄清明　　　　　　　　　　特约审稿：荀　亮
责任编辑：韩　冰　张利萍　　　　　　责任校对：谷　洋
　　　　　　　　　　　　　　　　　　责任印制：刘译文

知识产权经典译丛

国家知识产权局专利局复审和无效审理部组织编译

专利工程

构建高价值专利组合与控制市场指南

[美] 唐纳德·S. 雷米（Donald S. Rimai）　　　著

张秉斋　张亚东　译

出版发行：**知识产权出版社** 有限责任公司　　网　　址：http://www.ipph.cn
社　　址：北京市海淀区气象路 50 号院　　　　邮　　编：100081
责编电话：010-82000860 转 8117　　　　　　责编邮箱：hqm@cnipr.com
发行电话：010-82000860 转 8101/8102　　　发行传真：010-82000893/82005070/82000270
印　　刷：三河市国英印务有限公司　　　　　经　　销：各大网上书店、新华书店及相关专业书店
开　　本：720mm×1000mm　1/16　　　　　印　　张：12.75
版　　次：2020 年 1 月第 1 版　　　　　　　印　　次：2020 年 1 月第 1 次印刷
字　　数：250 千字　　　　　　　　　　　　定　　价：86.00 元
ISBN 978-7-5130-6343-2
京权图字：01-2020-0495

总　序

　　当今世界，经济全球化不断深入，知识经济方兴未艾，创新已然成为引领经济发展和推动社会进步的重要力量，发挥着越来越关键的作用。知识产权作为激励创新的基本保障，发展的重要资源和竞争力的核心要素，受到各方越来越多的重视。

　　现代知识产权制度发端于西方，迄今已有几百年的历史。在这几百年的发展历程中，西方不仅构筑了坚实的理论基础，也积累了丰富的实践经验。与国外相比，知识产权制度在我国则起步较晚，直到改革开放以后才得以正式建立。尽管过去三十多年，我国知识产权事业取得了举世公认的巨大成就，已成为一个名副其实的知识产权大国。但必须清醒地看到，无论是在知识产权理论构建上，还是在实践探索上，我们与发达国家相比都存在不小的差距，需要我们为之继续付出不懈的努力和探索。

　　长期以来，党中央、国务院高度重视知识产权工作，特别是十八大以来，更是将知识产权工作提到了前所未有的高度，作出了一系列重大部署，确立了全新的发展目标。强调要让知识产权制度成为激励创新的基本保障，要深入实施知识产权战略，加强知识产权运用和保护，加快建设知识产权强国。结合近年来的实践和探索，我们也凝练提出了"中国特色、世界水平"的知识产权强国建设目标定位，明确了"点线面结合、局省市联动、国内外统筹"的知识产权强国建设总体思路，奋力开启了知识产权强国建设的新征程。当然，我们也深刻地认识到，建设知识产权强国对我们而言不是一件简单的事情，它既是一个理论创新，也是一个实践创新，需要秉持开放态度，积极借鉴国外成功经验和做法，实现自身更好更快的发展。

　　自 2011 年起，国家知识产权局专利复审委员会*携手知识产权出版社，每年有计划地从国外遴选一批知识产权经典著作，组织翻译出版了《知识产权经典译丛》。这些译著中既有涉及知识产权工作者所关注和研究的法律和理论问题，也有各个国家知识产权方面的实践经验总结，包括知识产权案

---

　　* 编者说明：根据 2018 年 11 月国家知识产权局机构改革方案，专利复审委员会更名为专利局复审和无效审理部。

件的经典判例等，具有很高的参考价值。这项工作的开展，为我们学习借鉴各国知识产权的经验做法，了解知识产权的发展历程，提供了有力支撑，受到了业界的广泛好评。如今，我们进入了建设知识产权强国新的发展阶段，这一工作的现实意义更加凸显。衷心希望专利复审委员会和知识产权出版社强强合作，各展所长，继续把这项工作做下去，并争取做得越来越好，使知识产权经典著作的翻译更加全面、更加深入、更加系统，也更有针对性、时效性和可借鉴性，促进我国的知识产权理论研究与实践探索，为知识产权强国建设作出新的更大的贡献。

当然，在翻译介绍国外知识产权经典著作的同时，也希望能够将我们国家在知识产权领域的理论研究成果和实践探索经验及时翻译推介出去，促进双向交流，努力为世界知识产权制度的发展与进步作出我们的贡献，让世界知识产权领域有越来越多的中国声音，这也是我们建设知识产权强国一个题中应有之意。

申长雨

2015 年 11 月

本书献给我的儿子本杰明·雷米（Benjamin Rimai）博士，
是你激励我不断超越自我。

英文版序

我在伊斯曼柯达公司（Eastman Kodak）从事数字印刷研究工作33年。尽管该领域经过多年发展已经相当成熟，从20世纪30年代切斯特·卡尔森（Chester Carlson）首次发明静电复印术以来该领域就一直很活跃，并且在那段时间静电复印术一直是许多公司研发的主题，但是现代数字电子技术的出现为人们提供了该技术领域中的新机会和挑战。

在我从柯达公司退休的数年前，被邀请从数字印刷独立研究员的角色转换到知识产权经理的角色。在该职位上，我的工作涉及生成并维持用以保护柯达公司专有技术的专利、针对嫌疑侵权公司提起专利主张、办理专利申请、实施交叉许可协议等相关业务。在此期间，我非常荣幸与世界顶级工程师、科学家、专家以及包括律师、专利代理人和律师助手的杰出法律团队一起工作。

由柯达公司技术团队研发的技术非常具有创新性，使得电子照相术不再局限于办公用复印机，而是发展成为在质量、可靠性和速度方面可与卤化银照相和胶印匹敌的技术，同时能够将数字时代的能力与硬拷贝印刷结合起来。发明公开内容由技术团队人员提出，而专利申请由律师提交、办理。柯达公司在每年提交的申请数量方面和获得的专利数量方面都非常成功。然而，尽管在这些方面做得都很成功，但还是明显有机会可以通过扩展实际所覆盖的知识财产和增加专利的可主张性来大大地增大专利组合的范围和价值，同时使专利过程花费较少并且更高效。

为了有效地改进专利过程，柯达公司派了两位杰出人士与我并肩工作。一位是律师罗兰·辛德勒（Roland Schindler），另一位是由工程师转行做专利代理人的克里斯·怀特（Chris White）。他们两位同我一样，都看到了改进的必要和机会，并且都热心于在可能改进的任何地方做出努力。我们一起开发了一套可以满足这些需要的方法。最终，我们能够生成更多的专利申请，这些申请与以前提交的那些专利申请相比，覆盖范围更广、更宽泛、更可主张，而且成功获得授权的专利与所提交申请的比例也较高。另外，技术团队成员从前常常不愿意将专注力从他们的工作任务转移到专利申请，他们多数认为这是一项令人头痛的工作；我们发现，通过实施这套方法，技术团队成员变得更加具有合作性，因为我们能够将专利申请工作中最令人头痛的方面去除。

本书描述了罗兰、克里斯和我所设计、应用的一套方法。在当今全球竞争的时代，本书旨在给予读者一些工具，使读者能够使用本书中讨论的理念为他们的企业提供市场竞争优势，并生成可以提高企业收益和价值的专利组合。

唐纳德·S.雷米

纽约州罗彻斯特

2015 年 11 月 15 日

致　谢

　　本书的目标是以清晰、简明的方式讨论相关主题。为实现这一目标，我的妻子南希·雷米（Nancy Rimai）对书稿进行了仔细的阅读，提出了很多修改意见，我对她非常感激。我也要感谢克里斯·怀特（Chris White）、凯利·怀特（Kelly White）和罗兰·辛德勒（Roland Schindler），感谢他们对本书原稿提出的意见。我还要特别感谢罗兰和克里斯，感谢他们将他们的专利法专业知识与我分享。还要感谢雷·欧文（Ray Owens）先生，感谢他多年来与我所进行的许多讨论；这些讨论大大地增进了我对专利法及相关问题的理解。

作者简介

唐纳德·S.雷米（Donald S. Rimai）博士最近从伊斯曼柯达公司退休，他是该公司的数字印刷和黏附科学方面的研究员和知识产权经理。他擅长于构建专利组合、帮助发明人将他们的发明专利化。他曾获得 150 项美国专利，发表科学论文 120 多篇，并获得伊斯曼柯达公司"卓越发明人"称号。他出版了 5 本专著，编辑了 2 本会议论文集，是美国黏附协会的会员，也是美国物理协会的会员，获得了查尔斯·艾夫斯和切斯特·卡尔森奖（Charles Ives and Chester Carlson Awards）。他拥有伦斯勒理工学院（Rensselaer Polytechnic Institute）的科学学士学位以及芝加哥大学的科学硕士学位和哲学博士学位。2014 年，他获得罗切斯特知识财产法律协会（Rochester Intellectual Property Law Association）颁发的年度发明家奖。

目 录

第 *1* 章
专利工程简介

专利是商业世界至关重要的工具，这早已是大家的共识。专利旨在给予专利所有人或受让人一种实施其专利中所描述的技术的垄断地位。在过去，寥寥几件专利或许就可以提供足够的保护。现在的情况则不同了。在当今世界，坚实的专利组合对于保护你的商业利益才是至关重要的，而专利组合就是构建、实施所聚焦的专利战略的结果。

另外，你不应将专利仅仅看作是防御性的法律文件，而应将专利看作是来自你公司的可销售产品流的一部分。如果专利组合良好，它可以值数十亿美元；如果设计不良，专利组合可能仅仅是一项将你的技术泄露给竞争对手的开支。

本书的目标就是使你能够构建既保护关键技术又具有商业价值的专利组合，同时又没有因过度花费而增加你公司的负担。让我们就从你的重大产品投放市场的前夜开始讨论。

一、产品投放市场的前夜

假设这样一种场景：你的公司将要向市场投放一种新产品。或许该产品也将开启你的创业公司。或者，该产品可能会增强你的既有公司的盈利能力。

该产品具有许多关键技术特征，这些关键技术特征是其竞争性产品所不具备的。你应当能够夺得很大的市场份额，并且能够为你的产品定得高价。围绕这些关键技术特征，你已经提交了专利申请，甚至已经获得了授权专利。尽管如此，你仍然紧张不安，深感压力。为什么？

你知道，永远开放的销售窗口是不存在的。这仅仅是时间问题，市场上总会出现具有其他特征的或价格较低的竞争产品。你希望你的专利可以阻止这种情况的发生，但是你的专利能够吗？

在太多的情况下，对上述问题的回答是否定的。当公司认识到问题的解决方案时，它们就会获得或试图获得这些方案的专利。这些方案往往只针对公司自己的技术，并不扩展至其他公司的重要技术。它们也不能阻止竞争对手研发、出售以不同方式解决相同问题的竞争性技术。事实上，尽管专利源于专利申请，但是并不是每件申请都能得到专利权。在专利申请最终没有获得专利权的情况下，申请说明书中所公开的信息实际上指导了你的竞争对手如何解决问题，而没有为你自己提供任何保护。也就是说，你掏钱，教导、培训了你的竞争对手。

这是多数企业犯错误的地方，认识到这一点非常重要。多数企业把其产品的特定技术专利化。这很好，前提是如果人们需要你的特定产品。但问题往往是，人们不购买产品，而是购买解决其问题的方案。当一个人需要坐下时，选择吧凳（bar stool）而不是豆袋椅（bean bag），还是让她疼痛的脚休息一下，哪个更要紧？你或许已经获得了椅子的专利，但是总有人会提出某种更好或更便宜的东西，这只是时间问题。行业可能要花费数年甚至数十年时间才能发现一种能使消费者接受新产品样式的成本与功能的组合。如果你想在你的产品被超越之后仍然长久地保持企业的价值，你需要停止为该产品申请专利，并开始"拥有问题"。这不是通过随意地提交专利申请来实现的，而是通过提交源于构建专利战略的专利申请来实现的；该专利战略使你的公司"拥有问题"而不是仅仅拥有问题的特定方案。构建、实施该战略的过程称为"专利工程"。

二、专利的价值

20世纪80年代早期，施乐（Xerox）公司接受了苹果公司的大量股份，作为交换，允许史蒂夫·乔布斯在施乐公司的富有传奇性的帕洛阿尔托研究中心（Palo Alto Research Center，PARC）随意挑选研究成果。乔布斯选择了PARC熟悉的图形用户界面，由此进入了计算的新时代，推出了比基于DOS的计算机更容易使用的计算机。

苹果公司或许开创了个人计算机应用的新市场，但是并没有得到保卫其市场空间所需的专利覆盖。当微软公司以其Windows产品挤入市场并建立起市场优势地位之后，苹果公司被迫根据界限模糊的版权法起诉微软公司，指控Windows产品盗取了其"观感"（look and feel）。没有刚性的专利文件，法官对这个案件只看了一眼就判定该案没有任何诉讼理由。苹果公司无能为力。

因此，该苹果公司案被驳回，微软公司的Windows产品几乎摧毁了苹果公司。苹果公司能够重回计算机市场的唯一方法是通过开发一种绚丽多彩、用户友好的生态系统来创造一个全新的用户市场，首先是台式和便携式产品，随后是其音乐播放器、智能电话和平板电脑。

　　在 iPhone 出现、打开市场之前智能手机已经经历了 10 多年的发展。首部智能手机是由 IBM 于 1993 年推出的，但因价格昂贵而不切实际。多年来，市场凌乱，遍布着不成功的尝试。许多手机是好的电话但不是好的计算机，或者是的计算机但不是好的电话。在两个方面做得都好的设备寥寥无几，而且它们对于大众消费来说过于昂贵。在推出 iPhone 时，iPhone 像是一种出乎意料的产品——在光滑、买得起、吸引人（或许这一点最重要）的包装中集合了一部不错的电话和一部实用的计算机。

　　苹果公司依靠其 iPod、iPhone 和 iPad 很快重新获得市场优势，但是它们只是新竞技场的先行者。不久，后发竞争对手例如谷歌公司和微软公司就以具有成本竞争力的产品进入市场，这些产品具有类似的平衡性和用户感受。等到苹果公司开创了市场之后，这些后发竞争对手就能够利用苹果的研发投资和苹果公司的用户反馈。因此，这些后发产品与突破性创新产品相比能够具有价格优势并产生竞争性回报。在美国，现在基于安卓（Android）的智能手机比苹果智能手机卖得多，尽管第一部 iPhone 进入市场比第一部安卓智能手机早了一年多。安卓的主要优势非常清晰——其手机的成本较低。

　　现在我们知道你在产品投放市场的前夜感到如此紧张的真正原因了。你知道，尽管你的产品非常好，你的竞争对手也不必通过精确复制其特征来提供一种吸引你的客户的产品或服务。为了与你竞争，他们要做的是降低你的产品优势，同时提高会引起用户强烈共鸣的他们的产品优势。Windows 3.1 或许不如与之竞争的 Apple Macintosh 操作系统那么精致和高效，但是 Windows 足以以更低的价格、在数百万企业 IT 专业人员信赖的 IBM PC 构架的开放环境中提供比 Apple 更直觉的计算体验。Apple 的界面优势清晰易懂，Windows 的优势只是超越了它们。

　　那么怎样做才能保护你自己呢？不论你喜欢与否，专利将会是很有价值的；如果你还未开始申请，或许你很快就会去申请。尽管如此，你仍然不能确定是什么使得专利有价值。是特定的技术？是你拥有的专利数量？对此你需要明白，因为不论你拥有庞大的跨国公司还是经营一家车库规模的小企业，你的竞争对手都一直在寻找任何一种能够迫使你支付给他们大量金钱或迫使你出局的机会。

　　你需要专利战略，它超越了"齿轮 A 或狭槽 C"那样的细枝末节，能够防止你将资金花费在没有什么价值的无用专利上。为了保护你的利益，你需要大格局的专利战略，它会帮助你从你的"智慧"（或许是你的最有价值产品）中收获经济效益。

三、实施专利战略

那么从哪里着手呢？令人欣喜的是，实施适当的专利战略，或者称之为"专利工程"，不但省时而且省钱。在提交专利申请之前，你可以做出许多选择，本书可以在细节上指导你做出战略选择。

我们将向你说明如何提升发明人在其花费在你的产品上的时间内的可专利产出。我们将指导你的专利过程，突出强调可以最大限度地利用你的专利费用的地方。最重要的是，我们将指导你以一种全新的方式考虑产品开发。我们将说明如何使你的眼界超越而不是局限于特定技术的细枝末节，主张比任何产品或许都大、都有利可图的东西（即技术所解决的问题）的权利。你将拥有的不只是产品。你将拥有坚实的规划，使你在未来多年都蒸蒸日上。这样，你就可以满怀信心地投放你的产品了。

在当今瞬息万变的世界中，如何控制市场呢？一个重要的方面是改变公司实施专利战略的方式。传统上，面对一个技术问题，公司会研发保护解决该问题的方案，并为其申请专利；多年来这样做或许起到了些许作用。然而，在当今高度竞争、快速发展的世界，这样的做法不再可行，而是需要一种新的构建专利组合的方法。为了理解现在对专利组合的要求，让我们回到那些你的公司试图拥有专利并为构建满足这些基本要求的、当今世界的专利战略的基本原因。

四、专利战略的目标

现代专利战略的目标是：

1. 专利阻止竞争对手做你不想让他们做的事情。

2. 你不想让竞争对手提供可与你的产品形成有效竞争的产品。

3. 为提供新特征，你必须解决新问题。这样的特征可以包括但不限于全新的产品和对现有产品的改进，例如成本更低、可靠性更好或使用更容易。

4. 通过拥有覆盖解决这些问题的最佳替代方式的知识财产，你可以阻止竞争对手与你发生有效竞争。

5. 好的专利组合应被看成是公司增值产品的一部分。

为了达到这些目标，有效的专利战略不再聚焦于技术问题的特定方案，而是必须力求"拥有整个问题"。本书的目标是为读者提供构建、实施这样的专利战略的知识和工具。

五、两种专利战略的例子和结果

让我们通过两个例子来说明"拥有问题"的概念。在第一个案例中，公司未能"拥有问题"，尽管该公司拥有的庞大专利组合可以有效地阻止竞争对手使用其解决该问题的特定方案。

第一个案例涉及电子照相式办公室用复印机，其后来导致了现在普遍使用的激光打印机的产生。到 20 世纪 80 年代，普通纸复印机已经成为大多数企业的常用设备。它能够快速、有效地制作出打字文件的大量复制本，这样的文件主要包含字母、数字式字符。这些复印机或打印机是通过将在显影站中的墨粉（toner）以成影像的方式施加到感光器上，然后再将阶调图像（toned image）转印到纸上来运转的。然而，其制作诸如具有实心区域（solid area）和灰度等级（gray scale）的图片之类图像的能力很差。在当时，沉积足够、可控量的墨粉来打印出高质量图片简直是不可能的。

大概就在这个时候，伊斯曼柯达公司的科学家和工程师发明了一种显影实心区域和灰度等级的方法，这种方法允许打印照片。这需要一种包括旋转磁芯和旋转的电偏心壳体的显影站，磁芯与壳体同心，墨粉从其上流出。

该装置不但复杂而且昂贵。磁芯需要多块强度类似且可控的磁铁。磁芯与壳体之间的间隙很小，需要精密的机械加工。磁芯和壳体的旋转需要多个电机，电机的速度必须精确可控。这就造成需要刚性支撑的庞大子系统。还需要过程控制以及用作电子照相显影剂的特殊材料。

尽管复杂而困难，但这是多年来为人所知的使用电子照相制作图片的唯一方法；柯达公司积极构建了用于保护这一技术的专利组合。它们确实阻止了竞争对手实施解决该问题的这一特定技术方案。令人遗憾的是，柯达公司忽视了要制作高质量图片这一问题。结果，柯达公司并未拥有该问题，而只是拥有解决该问题的一个特定方案。其后果迅速发生。

在美国及其他国家的竞争对手寻求并开发了解决该问题的多种替代方案。在多数情况下，这些方案与柯达公司的技术相比，复杂性较低、成本较低。包括现在适于家用的、可以打印高质量图片的低价打印机在内，电子照相打印机越来越普遍，柯达公司被归类于生产用于商业市场的高价机器。即使这样，柯达公司也承受着定价压力，因为价格较低的所谓"中体量（mid-volume）"打印机变得越来越可靠，打印速度越来越快。

假如柯达公司当时拥有了制作高质量电子照相图片的问题，柯达公司现在就可控制打印机市场，在该市场试图竞争的公司就不得不向柯达公司支付专利费来购买使用该技术的权利。但结果是，这些其他公司积极追逐他们各自技术的专利。而且，他们不需要柯达公司的技术，因此对该领域的专利交换协议也不感兴趣。柯达公司开创了这一技术领域，但是被阻挡在该技术领域的有效竞争之外，因为柯达公司并未拥有该问题。

与上述例子形成鲜明对比，让我们用另一个例子来说明好的专利组合的价值，这个例子就是当今美国市场中每辆汽车都使用的氧传感器或称为 O_2 传感器。O_2 传感器是一种汽车购买者很少听说的装置。相对于其他电子功能部件、牵引力控制能力、音频或导航系统和空调系统，没有人会因为小汽车具有某个 O_2 传感器而购买它。然而，如果没有几个 O_2 传感器，没有一辆小汽车可以在美国市场上出售，没有权利使用该技术的任何一家生产商都将关门倒闭。

O_2 传感器大约在 40 年前首次被发明并获得专利，现已发展用来解决由控制燃料消耗与排放的日益严厉的各种规章所带来的问题，同时消费者也一直在要求汽车具有更多特殊性能，这些特殊性能推高了价格、增加了复杂性、消耗了能源，并增加了汽车的重量。此外，现在的许多消费者要求汽车的机动性能可以匹敌 20 世纪 70 年代汽车的性能，那时的汽车每加仑燃油仅能行驶 8mi（1mi = 1.6km）且污染严重，而现在的汽车每加仑燃油要行驶 30mi。为了完全理解这些相互矛盾的需求是如何使得构想出旨在拥有该问题的专利战略而不是问题的特定方案成为必要的事情，我们最好先撇开讨论专利战略转而先讨论汽车发动机中的技术演进。

汽车一般包括内燃发动机，在其中汽油被雾化并喷到一系列气缸中。空气也被输入气缸中，每个气缸含有一个与曲轴相连的活塞，在适当的时机，火花产生以点燃汽油燃料混合物，从而强制地推动活塞并产生使汽车移动的能量。传统上，会利用发动机产生的真空使汽油雾化并与化油器中的空气混合，然后将混合物通过在适当时机开闭的进气门喷入气缸。借助于由旋转的机械开关，即分电器控制的火花定时，火花塞会点燃混合物。点火之后，废气会通过在适当时机打开的排气门排出气缸。这些部件都通过正时传送带或正时链条与曲轴联系起来，从而形成机械正时、运转的发动机。

汽油是烃的混合物，这些烃的分子含有大约 8 个碳原子和 18 个氢原子。如果汽油按化学计量被完全燃烧，将会产生二氧化碳和水。每加仑汽油大约重 6lb（1lb = 0.45kg），如果完全燃烧的话，将产生大约 18lb 的二氧化碳。

问题是，我们并非生活在一个理想的世界里，不能保证汽油的完全燃烧。被送入发动机燃烧室的是空气而非氧气，认识到这一点很重要。空气包含 21% 的氧和 78% 的氮。在燃烧过程所遭遇的高温条件下，一些氧与氮发生反应，生成氮氧化物，从而减少了用于支持汽油燃烧的氧的量。这导致未燃烧的或部分氧化的烃类化合物和无色有毒的一氧化碳（CO）以及其他有毒气体从发动机排出。用化油器技术来充分控制这些排放是不可行的。

汽车工业如何调整其产品以适应当今看起来似乎矛盾的需求呢？毫无疑问，当今的消费者对质量和安全更加关注。也希望现在的汽车比 20 世纪 70 年代的汽车具有更长的行驶里程。此外，现在的普通消费者要求车内有更多的奢侈装置，包括空调、娱乐性电子设备、导航和通信装置。即使在中等价位的汽车中，立体声音响器材、DVD 播放器、GPS 装置、具有记忆能力的电动可调座椅、Wi–Fi、计算机等也已经变得普遍。这些特征（装置）增加了汽车生产的成本。但是，竞争压力却迫使价格降低，从而对汽车制造商在控制排放和行驶里程技术上的花费造成经济约束。

这些设备以及当今提高性能的需求都要消耗能量，这会增大内燃发动机的排放，降低其每加仑油量所行驶的里程。更有问题的是，随着用户使用某些设备的频次和时间长短不同，排放和里程会发生变化。例如，空调的运行肯定会耗费很多能量。

看起来直接与这些需求相矛盾，消费者和越来越严厉的"公司平均燃油经济性"（Corporate Average Fuel Economy，CAFE）标准要求每加仑油量行驶更长的里程。通过制造体积更小、重量更轻、功率更小的汽车，这非常容易实现。但是很多消费者需要 SUV 以及其他体积更大、功率更强劲的车辆。安全需要要求具备的装置包括但不限于座椅安全带、安全气囊、侧面防撞杆、防抱死制动系统（ABS）、牵引力控制、防滑控制、受控的皱缩结构（controlled crumpling structures）以及后视摄影机。这些安全装置不仅增加了重量和成本，而且当成本、燃油里程和质量成为主要问题时，还会对可靠性产生不利影响。生怕大家忘记或不再考虑这些问题，尤格（Yugo）❶ 试图以小型普通车（basic car）取得低价市场，结果因需求不足而失败，因为它明显质量低、可靠性差。市场不是非常宽容。显然，可以满足这些看来似乎相抵触的需求的唯一方法是能够控制内燃机的运行，使内燃机以清洁、高效的方式运行。

解决这些表面上相互矛盾的需求问题的答案是，21 世纪的汽车要非常不同于 20 世纪 70 年代及以前在高速公路上行驶的汽车。现代汽车的设计是使用铝和塑料代替钢，以减轻重量，提高耐腐蚀性。正面和侧面防撞安全气囊是标配。汽车被设计成在碰撞过程中以受控的方式皱缩，从而吸收能量，更好地保护车内人员。普遍使用油箱关闭阀，如果发生翻滚可以减少汽油溢出。现代汽车还具有很多非常现代的电子设备，这在数十年前甚至数年前是不可想象的。燃油供给和点火正时都由微处理器来控制。化油器已经让位于燃油喷射系统，

❶ 南斯拉夫生产的汽车品牌。——译者注

— 7 —

燃油量和供给时机都被精密控制；通过并入数目越来越多的用于控制发动机内燃油燃烧的微处理器，已经可以做到这一点。这些微处理器依靠大量的传感器来提供精确的运行条件，以便可以调整燃油量以及火花电压和正时。

一个这样的传感器就是氧传感器或 O_2 传感器。没有几个汽车购买者听说过或要求配置 O_2 传感器这样的装置。它肯定不是像 DVD 播放器那样的选配装置，也不是像众所周知的辅助约束系统（SRS）即安全气囊那样的设备。然而，为了满足排放和 CAFE 标准，当今生产的汽车中必须有 O_2 传感器；O_2 传感器一般人是看不见的，只有在发动机检查灯下，机械师或车主才能看到。位于汽车排气管中的这些 O_2 传感器必须在高热、腐蚀性环境中运行，持续地为微处理器提供反馈。

O_2 传感器最早于 20 世纪 70 年代出现在汽车中。起初，只有一个 O_2 传感器被安装在汽车催化转化器前面的排气集管中。O_2 传感器探测排气中的氧浓度，认为氧含量是燃烧完全性的量度，通过调节化油器中的电磁阀来降低或升高汽油 - 空气混合物中的汽油含量。令人遗憾的是，这往往导致汽车更无力。此外，随着汽油 - 空气混合物中汽油含量的降低，会存在更多的氧与氮反应，从而产生更多的氮氧化物。汽油 - 空气混合物越稀薄越会使发动机运行过热，这进一步增加了氮氧化物的浓度，从而使这一问题进一步恶化。提高汽油 - 空气混合物中的汽油含量会使行驶里程缩短，并使排出的气体中一氧化碳增多。显然需要进一步改进以纠正这一问题。

现代汽车通过监测来自包括 O_2 传感器在内的各种传感器的信号，使用计算机来控制燃料喷射系统。这些传感器为计算机提供信息，从而使计算机迅速并可靠地对各过程进行调节，包括对燃料的喷射量进行调节，从而使性能得到优化。

目前，汽车包含至少两个 O_2 传感器，它们都紧挨着催化转化器（催化式排气净化器），一个位于催化转化器的前边，另一个位于催化转化器的后边。O_2 传感器像电池那样工作。O_2 传感器的中心对大气开放；O_2 传感器的外部位于排出气体之中。氧被吸附到传感器的两个表面；因为空气和排出气体中氧的浓度不同，所以就产生了电压，而电压的大小依赖于排出气体中的氧浓度。来自传感器的电压被馈入用于控制汽车运行的计算机；与 20 世纪 70 年代的计算机相比，现在的计算机更为先进，控制更多的子系统，并且运行速度更快；通过响应于该信号来调整送入气缸的空气量。

随着时间的推移，O_2 传感器必须满足的要求发生了变化。O_2 传感器起初用于控制化油器中的电磁阀，以在发动机到达正常运行温度后粗略地调节被雾化的燃料的量；而现在的 O_2 传感器必须能调节冷、热发动机的燃料混合物。

O_2 传感器逐步发展成含有内部加热器，使得它能够更迅速地启动。

必须监测的气体类型也发生了变化，从只有一氧化碳到各种氮氧化物和碳氢化合物。传感器的响应时间不得不增加以允许它们更精细地响应排出气体中的变化。起初的传感器具有大约 15000 英里的预期寿命。此后不久，预期寿命先增加到 30000 英里，最后增加到车辆的寿命。

这种演变导致了各种问题和解决方案，所有这些问题和解决方案都带来了获得专利的机会。必须解决的问题不仅包括传感器的基本设计，也包括对传感器的改进、现代 O_2 传感器能力的增强、它们与现代汽车中的气体部件的接口连接以及它们在提高汽车性能中的应用。O_2 传感器问题是相当广泛的。

今天大多数汽车至少具有两个微处理器，一个控制点火，另一个控制燃油供给。这两个微处理器相互配合以确定所需燃油和空气的精确量以及点火的时机。分电器已成为过去时，其作用已经被计算机取而代之，化油器也已经被计算机控制的燃料喷射系统取代。另外也通过汽车的两台主计算机来制动和牵引以减少打滑。目前即使转向和传动也实现了电子控制。

微处理器本身的确已经得到巨大的发展，输入信号的类型增多了，产生这些信号的速度加快了，灵敏度增强了。为满足这些需求，从用于将 O_2 传感器连接到微处理器的相对简单的连接器到允许其信号得以处理的复杂软件，这些部件都发生了变化。这些领域都导致 O_2 传感器专利的演进，尽管在很久以前就发明了原始的传感器。

从理论上讲，O_2 传感器是相当简单的装置，具有严格定义的功能，即确保燃料的完全燃烧。该装置在 40 多年前被首次发明。然而，如表 1.1 所示，就该技术所签发的专利的数量（根据此表总数为 700）持续增加，没有衰减。让我们讨论一下为什么情况是这样。

如表 1.1 所示，美国和日本汽车制造商持有大多数的专利，这些专利像博世公司（Bosch）那样在权利要求中都涉及 O_2 传感器。这些公司一般都生产它们自己的燃料与点火系统。欧洲的制造商规模较小，它们从博世公司购买传感器，可能不大需要申请专利，因为它们不制造或使用它们自己的传感器而是从供应商那里获得传感器。

表 1.1　各个汽车制造商的 O_2 传感器美国专利的数量

公司	O_2 传感器专利的数量	所跨年
博世（Bosch）	54	1976—2013
通用汽车（General Motors）	65	1978—2010
福特（Ford）	286	1976—2013

公　司	O₂ 传感器专利的数量	所跨年
克莱斯勒（Chrysler）	25	1989—2001
丰田（Toyota）	120	1976—2013
本田（Honda）	37	1985—2013
梅赛德斯（Mercedes）	0	—
菲亚特（FIAT）	0	—
沃尔沃（Volvo）	2	2000—2001
宝马（BMW）	1	1996
现代（Hyundai）	15	2001—2013
尼桑（Nissan）	95	1976—2007

资料来源：美国专利商标局（USPTO）。

为什么有如此多的专利聚焦于这种装置？为什么不是只有在 1976 年颁发的单一专利？这些问题的答案在许多方面形成了本书的焦点。

按照表 1.1，最初的那些传感器是在 1976 年获得专利的，这是确定无疑的。考虑到 USPTO 每件专利只允许包含一项发明，这些众多专利当中的一些专利可能是某些设计变体（design variation）的结果。如果审查员❷认为所要求的设计可以独立地工作，就会要求分案申请。

但是，这并未完全回答这些问题，特别是为什么专利活动持续了长达 40 年的时间。此外，获得和维持专利是既耗时又昂贵的。这些公司为什么持续将资源投入一个 40 年前"发明"的装置中？

如果仔细检视各个专利，你就会发现大多数专利覆盖的特征绝不仅仅是 O₂ 传感器的基本装置。一些专利覆盖了连接器，一些专利覆盖将燃料供给与 O₂ 传感器输出联系起来的反馈控制系统，有些专利覆盖 O₂ 传感器与燃料喷射装置的联用。发明列表的长度与专利列表的长度一样长，而且比仅仅为一特定装置获得专利更有意义。

公司继续申请并获得有关该技术的专利的一个原因是专利会在一段时间之后期满而失效。可以肯定的是，在 20 世纪后半部分签发的那些专利现在已是公共财产，不再受专利权的限制，允许任何人实施它们。然而，这个问题还有更深层的原因。

---

❷ "专利审查员"，或简称"审查员"，可以被视为 USPTO 的雇员，他/她会评审你的专利申请，并决定其是否限定了一项具有专利性的发明。

需要强调的是，O$_2$ 传感器所解决的问题非常重要，现代汽车如果没有这样的传感器或没有正确利用这样的传感器就不能在美国销售。如果无权使用这种技术，汽车生产商会被迫关闭。

一些生产商通过从致力于生产这些装置的持有专利的公司那里购买这些装置来解决这一问题。其他汽车生产商自己生产传感器。

很容易想象，如果一个生产商能够消除另一个大的汽车生产商在这一领域的竞争，对它来说将会有非常大的价值。每个汽车公司都必须具有一个充分的O$_2$ 传感器专利组合以确保其不被封锁而能使用这类产品。没有人有义务将其拥有的专利技术给予、销售或许可给他人。一家生产商如果缺少充分的专利组合，就将不得不从另一家生产商那里得到技术许可或者购买这些装置，并支付恣意收取的任何价钱。

值得注意的是，汽车公司正在大量投资于在对其他公司有利益的领域即所谓的"棕色空间"获取专利。棕色空间特别有价值，因为它对其他公司来说具有广泛的利益，这些公司为了有权使用技术可能会愿意或者被要求支付专利许可费或与专利权人达成专利交换协议。

仅仅拥有问题的一个解决方案的专利是不够的。早期的O$_2$ 传感器专利就是覆盖问题的一个方案。那些专利早已期满失效；尽管它们保护了O$_2$ 传感器这个装置本身，但是它们未保护该装置的应用，未保护该装置及其功能如何随时间的流逝而演进。而且，公司为了保持竞争力并继续销售其产品，也应当具有对其竞争对手所需技术的专利覆盖。

未构建这样的专利组合会导致你的公司不能销售公司的产品，这是由于你的竞争对手具有封锁专利（blocking patent）或者由于你的公司为了获得使用你的竞争对手的技术许可而不得不支付大量的资金。

为了获得这样的专利，需要贯彻落实一个能导致强大而有价值的专利组合形成的专利战略。有时，公司甚至可以拥有该公司并不打算生产而其他公司可能要生产的产品的专利。这样的专利可能会非常有价值。在某些情况下，这样的专利可能比公司打算制造的产品更值钱。

这些前瞻而主动的汽车公司在其专利组合中，不仅只是保存了某些问题的解决方案，而是试图拥有问题本身，或者是至少拥有问题的足够大部分，以致其他公司不能封锁它们使用关键技术。拥有问题本身而不是仅仅拥有问题的特定解决方案是构建高价值专利组合的关键。

六、本书的目标

本书介绍构建高价值专利组合的方法，使你的公司可以在竞争日益激烈和受规制越来越严重的世界（在这样的世界中消费者的认知性更强、要求也更为苛刻，并且更容易获得信息）中蓬勃发展。更具体地讲，本书指导你如何构建这种不让你公司破产的专利组合。本书讨论是否在美国以外申请专利，以及如果在美国以外申请专利的话，如何选择能让公司的专利最有价值的国家。

可以控制市场、本身具有很高内在价值的坚实有力的专利组合，并不能通过盲动、高代价地提交过量的覆盖技术的每个方面的专利申请来实现，而要通过首先确定关键问题及其解决方案来实现。也要确定替代解决方案，以及当试图实施这些解决方案时会遭遇的那些问题的解决方案（即所谓的"使能技术"）。所有这些解决方案，不论是基本方案还是使能方案，一起构成完善的专利战略的基础。

然而，完善的专利战略远不止如此。它还要确定竞争产品中所存在问题的解决方案，并寻求包括这些解决方案的专利。即使这样的专利与你的关键专利相比更简单、保护范围更受限，但它们往往非常有价值，因为通过这些专利你可以封锁依赖于使用该技术的竞争对手。

你的专利组合可以具有超越你的具体产品的价值，甚至囊括那些会被认为与你的产品不形成竞争关系的产品。这些专利对你的公司会很有价值，因为非竞争性公司可能需要它们，因而不得不向你支付许可费以获得使用你的技术的权利。

这些目标不能通过偶然的方式来实现，也不能仅仅通过将你公司发现的特定技术改进申请专利来实现，而要通过构建综合专利战略来实现。

没有人能够做到每件专利申请都会得到授权，这是大家公认的。有时候，审查员会发现可能有关系或没有关系的"相关技术"。申请人是否能够避开该技术常常取决于公开中教导的范围。也有时候，相关技术，例如较早的专利，可能由其他公司拥有。

本书不是要作为一本为自己的发明来申请专利的教科书。专利是法律文件，撰写专利应当是专家的工作。然而，确保充分公开和足够多的背景技术是发明人的责任。

最后，本书涉及综合专利战略的构建，构建综合专利战略是为了使你在专利中的投资价值最大化。如果贯彻了正确的战略，专利可以防止公司被起诉。专利的出售或许可可以大大地提高公司的收入。然而，拙劣设计的战略价值可能微乎其微。另外，申请人必须在其专利申请中充分详细地公开其发明，以允许他人实施其发明，因此，拙劣设计的专利战略可能会透露太多，而导致技术得不到什么保护。

为了获得成功，你需要拥有专利，而这些专利所提供的不只是问题的一种良好方案。你需要有一个足够强大的专利组合，赋予你拥有问题的能力。

第 2 章
专利与专利战略
——它们是什么，我们为什么需要它们

一、世界已经发生变化

在过去的岁月里，聪明的发明人常常自己设计出一种与以前可用的相比具有明显优势的方法或设备。像斧子的斧跟（斧子的加重部分，其与斧刃相对、平衡斧刃）这样简单的装置，与早期的设计相比，提供了更大的质量和更好的平衡。这样就可以有效地砍伐新大陆发现的大树。锤子上的羊角是另一个这样改进的例子，使得木匠既能敲击钉子也能拔起钉子。

这样的发明尽管概念简单，但是非常有用。此外，它们代表了明显的技术进步，往往非常独特，有别于那些能够与这些发明竞争的任何替代方案。因此，往往可以获得很容易理解并且为发明提供足够保护的单项专利。

然而21世纪的情况不再如此。詹姆斯·伯克（James Burke）在其著作《连接》（*Connections*）[1] 和《世界变化的日子》（*The Day the Universe Changed*）[2] 中描述了技术进步通常不会因孤立的灵感而发生。情形会是这样，一个人，如果了解看似不相关的技术，在灵光一闪时，是能够将这些技术关联起来并以新颖、有益的方式解决问题的。随着这样技术的数量增多及其出现速度的加快，对知识财产保护的需要也发生了变化。

单项专利无法再提供足够的保护。相反，必须形成完全涵盖你的知识产权的专利组合。这样的专利组合并不是偶然形成的，相反，它是精心制定专利战略的结果。

作为形成这样的专利组合的巨大附带利益（side benefit），你也创造了一种在市场上具有巨大自身价值的产品。

本书的目的就是指导你如何制定和实施这样的战略并阐明其必要性。最

后，我们将讨论如何在不给你带来过度开支的情况下获得这样的专利组合。为了理解为什么从获得孤立的专利到生成专利组合的变化是必要的，让我们看看世界在过去 40 年里是如何变化的。

二、40 年以前

1972 年的世界与现在相比大不相同。美国刚刚从第二次世界大战所造成的破坏中恢复过来，恢复期接近 30 年。人们购买由极少数几个美国公司在底特律制造的汽车。欧洲的汽车比较罕见，日本的汽车更稀少，韩国的汽车完全不被人所知。汽车的块头很大，发动机的平均寿命约为 50000 英里，卖给消费者时汽车往往带有许多缺陷，这些缺陷不得不在售后按照保险条款来修理。油耗并不是大多数人所关心的问题，即使许多汽车每加仑油仅能行驶 8 ~ 10 英里。为什么不担心？汽油便宜而且容易买到，就大多数消费者和制造商而言，没有必要做出改变。

计算机在 1972 年还是价格昂贵的大家伙，其令人印象深刻的大块头掩饰了其有限的功能。为了让计算机工作，消费者不得不购买大量的附件，包括穿孔卡片机、穿孔卡片、卡片分类机、读卡器以及由计算机公司的工程师撰写的软件。这些机器主要是由 IBM 和其他少数几个生产商制造的，只销售给有限的市场——工业界、大学和政府机构。当时个人要实际拥有一台计算机的想法还纯属科学幻想。

三、当今世界

然后世界就发生了变化。亚洲制造商的涌入，以低价、有时质量更高的产品充斥市场，这迅速削弱了美国的主导地位。这一变化尽管迅猛，但也是长期形成的。其开始于第二次世界大战之后，当时"马歇尔计划"要求重建同盟国和前轴心国德国和日本的工业。建造这些工厂的材料和工具往往与美国的新工厂中所用的相同，而不是当时存在的、未毁于第二次世界大战的美国旧工厂中所使用的材料和工具，此举为这些国家提供了大量的现代制造基础设施。这些工厂比当时的美国同行更有效率，节省了成本、精力和材料。

工业化在美国之外的蔓延并不限于那些根据"马歇尔计划"重建的国家。其他国家，最明显的是中国和韩国，也开始了工业化，它们充分利用了大量的低成本劳动力。较低的生产成本使得产品价格较低，从而削弱了已经上市的美国产品的地位。

当市场摆脱美国制造业的主导地位的时候，人们也在"拥抱"可以彻底改变人们看世界的方式的数字技术。Tandy Radio Shack 公司于 1977 年推出了首台家用计算机,即 TRS - 80[3],在同一年 Atari 2600 将计算机视频游戏带入了人们的起居室[4]。1973 年的石油危机暴露了汽车设计中的主要弱点,而为军事开发的装置,例如全球定位系统,开始出现在徒步旅行和家庭中。在 20 世纪 80 年代和 20 世纪 90 年代,主要的工业计算机制造商 IBM 公司在新的消费电子市场遇到了大量的竞争,因为像苹果(Apple)、微软(Microsoft)和戴尔(Dell)这样的公司制造了人们买得起且容易使用的计算机。与此同时,互联网诞生了,互联网改变了人们收集信息和全球交流的方式。到 2002 年,我们知道世界已经改变,美国公司在全球市场中不得不为生存而苦战。

当今市场以令人难以置信的速度发生变化。你今天购买的最先进的智能手机会在 6 个月或更少的时间内过时,留给主要依赖产品销售的制造商收回数百万美元的产品开发和营销费用只有不足半年的时间——如果竞争对手模仿了它们的技术,则留给它们收回其费用的时间会更少。为了在混战中生存,企业必须能够在全球市场上保护和捍卫自己的创新。

四、专利的作用

让我们讨论一下专利制度。自从 1790 年以来,美国专利商标局(USPTO)已经颁发了 860 多万件美国专利,如图 2.1 所示,颁发速率随时间呈指数增长。

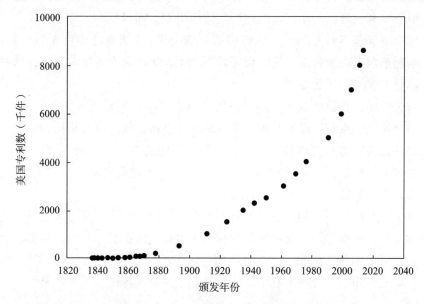

图 2.1 每年达到的美国专利数量[数据来自美国专利商标局(USPTO. gov)]

尽管在近代史中专利制度以多种形式存在,但是现在的专利制度是在

1982 年与美国联邦巡回上诉法院（Court of Appeals for the Federal Circuit）［"CAFC"或"联邦巡回法院（Federal Circuit）"］同时建立的。

这种法院在 13 个美国联邦巡回上诉法院（Federal Circuit Courts of Appeal）当中是独特的，因为它具有特定主题领域而不是地理区域的司法权。在 CAFC 建立之前，专利案件会通过下级法院最后上诉至特定地理区域的地方法院（Court of Appeal）。这些法院往往缺乏核定专利有效性的技术专长，并常常裁定已授权的专利无效。

因此，在联邦巡回法院建立之前，一家公司侵犯另一家公司的已授权专利相对来说是安全的，因为知道该专利很可能会被认定为无效。公司也不太愿意花钱申请充其量只具有不可靠价值的专利，而拥有专利的公司也不太倾向于增加法律费用到一个可能会裁定其专利是无效的法庭上去主张他人侵犯其专利。

这种情况随着联邦巡回法院的诞生而改变。新建立的法院对全美各个地区的"专利性"的定义做了标准化，并且非常可能会裁定被挑战的专利实际上是有效的。通过赋予专利新的效力，联邦巡回法院给予了各公司申请专利和主张竞争对手侵犯专利的财务激励。

那么专利是什么？如果简单定义的话，专利是一种法律文件，其含有对技术问题的技术解决方案的描述。尽管专利可以描述一种新的方法、设备或化合物，但是专利只可因一个实际问题的具体解决方案而授权。

想法本身是不可专利的。你的邻居可能会说，"当我使用汽车制动器时，如果某种东西可减少打滑，这将会很好"，但是没有具体的技术方案，这只不过是单凭主观愿望想想而已。

与之相反，防抱死制动（制动时用传感器探测各制动器的相对转动速度，如果一个轮子的旋转速度比其他轮子的旋转速度慢，则与执行机构相结合以减小对制动缸的压力）是该问题的一个实际、可用的方案。专利不是技术论文，也不是为了任何展示。而是你的权利要求信息的大规模转移——如果你愿意，可以称之为信息转储（brain – dump）。

对于专利的撰写，美国的硬性要求很少，因此每个专利从业人员都有自己偏爱的方法。一般来说，典型的专利有六个主要组成部分：标题；摘要；背景技术；说明（包括非强制性的简要说明、附图的详细说明、详细说明）；权利要求；以及附图。出现在专利中的信息构成了常常所称的"公开"。❶

---

❶ 应当注意，术语"公开"不仅仅包括专利或专利申请中所含的信息。向公众所展示的任何信息，即使仅向一个公众进行展示，都构成公开。这包括但不限于在科学或行业杂志中的公开内容、展会上的展示、产品演示或销售，乃至向个人偶然提及技术。

在这六部分当中，权利要求用于规定专利的核心和效力。尽管"说明书"部分阐明了如何制造和使用所述的发明，但权利要求起所有权证书的作用，限定了你拥有的实际财产，并且可以阻止他人对其进行侵犯。其他部分，要么通过定义所解决的问题，要么通过具体说明该问题是如何被解决的，来为权利要求提供背景和支持；它们尽管极其重要，但都仅仅是为了为权利要求提供背景和支持而存在。

专利制度的核心是政府促进技术进步和创新以让其国民受益的一种方式。通过颁发专利，政府给予专利持有人在一段时间（一定"限期"）内排他地使用专利发明的权利以换取对任何可能会感兴趣的人就该发明实际上是如何工作的进行教导。这样，各方都赢。公众会在适当的时候从新技术受益，而发明人获得了市场空间，可以设法从其发明获利而不用担心竞争对手偷窃其创新。专利的期限为 15~25 年，这使得在提交专利申请时所设想的具体产品变得过时很久之后专利仍然有价值。

具有强大、灵活的权利要求的专利组合可以为专利所有人提供许多持续的法律和财务优势，这包括排除他人实施其专利中所要求保护的发明的权利。此外，如果竞争对手故意侵犯专利——在知晓技术是受专利保护的情况下使用权利要求所限定的技术——那么专利所有人可以获得比非故意侵权情况下有权得到的损害赔偿的三倍赔偿。这是一种重罚，这使得为了自己企业的成功而需要获得专利技术的竞争对手产生了与专利所有人签订许可协议的强烈动机，而许可协议本身是有利可图的。这种阻止竞争对手在没有你的明确允许的情况下使用你的技术的能力使得专利保护成为当今全球市场中的一种强大有力且有价值的工具。

专利上列出的发明人与专利所有人不是一回事，注意到这一点很重要。作为雇用协议的一个标准组成部分，许多公司要求其雇员将他们对在雇用期间所创造的发明的全部权利都让与公司。这意味着在提交专利申请时这些发明人必须将其对发明的全部权利都"转让"（转移）给其雇主：雇主于是变成"受让人"或专利所有人。然而，在没有外在受让人的情况下，发明人保留专利所有权。虽然专利/申请的发明人身份保持不变，但是专利或专利申请的受让人可以随着知识财产的交易而变化，而且的确往往变化许多次。

五、发明人

尽管发明人可能不是专利的所有人，但是他们对于专利的产生是至关重要的。根据美国专利法，每个发明人都必须在申请书上予以确认。将非发明人列为发明人，或者甚至更糟糕的是，未列出实际的发明人，会大大降低任何可能由该申请产生的授权专利的价值。

因此，专利申请人了解什么是作为发明人的资格是十分重要的。我们中的许多人在面对"发明人"这一概念时立即会想到的是，致力于其怪物的法兰肯斯坦（Frankenstein）博士，或者赫伯特·乔治·威尔斯（H. G. Wells）小说中的一个修补那些过于复杂以致常人无法理解的神秘小器具的人物。而实际情况则更为寻常。

根据美国专利法，任何为技术方案的智慧概念（mental concept）做出贡献的人，或创造性地帮助将这一概念转化成实用的人，都是发明人（提供财务、市场营销或其他辅助帮助的人则不算在内）。换言之，如果一个人即使只对一个权利要求做出了创造性贡献，他也必须被列为发明人。而那些解释了技术如何施行的人，或者提出了最终导致可专利技术方案产生的问题但未对权利要求做出贡献的人，不论他的投入对发明人多么有价值，都不是发明人。

虽然发明人可能是才华横溢的、致力于创造挽救数百万生命的医疗技术的博士团队成员，但他们也可能是普通人，例如坦玛拉·韦斯特（Tamra West）护士，她使用维可牢尼龙搭扣式（Velcro – style）紧固件和泡沫垫，创造了一种能够将病人稳固地保持在手术台上适当位置的装置[5]。只要满足基本的限制要求，任何人都可以成为发明人，从专业工程师和技术大师到因电转烤肉炉[6]和百吉饼切片机[7]而闻名的罗恩·博培尔（Ron Popeil），或海蒂·拉玛（Hedy Lamarr）❷，一直到隔壁的三岁小孩❸。

六、发明

定义什么构成了"发明"有点复杂。我们已经讲过，纯粹的想法是不能被授予专利的，但我们还没有定义是什么使得技术方案具有可专利性。

从法律上来说，发明是所定义问题的新颖且非显而易见的解决方案。为了满足"新颖"的要求，所涉及的技术方案在其披露于专利申请之前，是不被大家知道的。为了满足"非显而易见"，不能有明显的方法可以将任何领域的

---

❷ 无线电技术美国专利 No. 2，292，387 的共同发明人，该技术现在用于 Wi – Fi。见 Musil, Steven. "Happy 100th birthday, Hedy Lamarr, movie star who paved way for Wi – Fi." CNET, Nov. 9, 2014. 2014 年 12 月 18 日检索自 http：//www. cnet. com/news/happy – 100th – birthday – hedy – lamarr – movie – star – and – wi – fi – inventor/。

❸ 英国专利 GB2438091（B）于 2008 年 2 月 24 日颁发给位于达比郡（Darbyshire）巴克斯顿（Buxton）的萨姆·霍顿（Sam Houghton），因为他在三岁时就做出了这项发明。见 http://www. mirror. co. uk/news/uk – news/sam – houghton – 5 – is – the – youngest – patent – 303180，检索于 2014 年 12 月 6 日。

已知技术联系起来从而指向该技术方案。

举一个例子，让我们考虑一下铅笔及其橡皮擦。想象一下，橡皮擦和铅笔作为独立的实体，两者都是众所周知的，但是从来没有人试图将其中的一个与另一个连接起来。让我们进一步假设，作为独立的实体，橡皮擦用来擦除铅笔痕迹而不是由墨水造成的痕迹是众所周知的。接着，铅笔公司的工程师灵机一动提出了三个建议的技术方案：

- 一种产品，其包括首次被人所知的、带有通过金属带固定在铅笔顶部的突出橡皮擦的铅笔。
- 一种围着木制铅笔来缠绕金属带从而使橡皮擦以突出的方式固定在铅笔顶端的方法。
- 一种通过倒转铅笔并对着铅笔痕迹使劲摩擦来擦除基底上的铅笔痕迹的方法。

工程师提出了既有市场又会产生收益的方案。问题是，这些方案当中，如果有的话，哪些方案可以被视为发明？

专利审查员在看到这些技术方案后会立即对前两个技术方案持怀疑态度。橡皮擦和铅笔都是已知的技术；即使在这种新的场景中，它们也仅仅以平常的方式起作用。尽管使用金属带将橡皮擦连接到铅笔上的概念或许是新颖的，但是使用金属带将辐条连接到美国殖民时代的货车轮毂上是已知的（它属于"现有技术"），使得该发明是显而易见的。此外，一部分铅笔和一部分橡皮擦从金属带突出出来的要求也会被认为是显而易见的，因为橡皮擦必须能够与基底上的铅笔痕迹直接接触才能擦除它们，这是已知的。

因此，所建议的第一项和第二项发明会因"显而易见"被驳回，即使带有橡皮擦的铅笔的概念先前并不为人所知并因此而被认为是新颖的。第三个技术方案甚至不会被认为是新颖的，因为橡皮擦完全以这种方式起作用是已知的。这三种方案没有一种是发明。还有救吗？

让我们假设，为了让金属带将橡皮擦充分地附着到铅笔上，橡皮擦的直径必须比铅笔的直径大 5%～15%。另外，让我们假设，为了实现橡皮擦与金属带之间的结合，在用金属带缠绕橡皮擦和铅笔时，必须将橡皮擦的直径压缩至比铅笔的直径小。

该方法的细节既不是已知的，也不是显而易见的；通过将它们纳入发明人的第二个技术方案中，通过以这种方式压缩橡皮将其连接到铅笔上的方法本身就成为一项发明。因为它通过压缩材料来连接金属带而不是像货车轮子那样使用热膨胀，所以连接方法本身被认为是新颖且非显而易见的，因此是具有专利性的发明。

除了发明问题以外，该场景还提出了一个很好的问题：为什么任何公司都希望将一个技术方案分成多个部分？这似乎充其量是用来充数的。通过获得用于制造产品方法的专利以及产品本身的专利，公司可以大大地提高其专利的价值。如果第一个技术方案被授予专利，公司就可以确保避免任何其他实体生产、进口、销售或以其他方式从具有橡皮擦的铅笔产品中获利，并从专利所有人首次通知侵权人之日开始累计损害赔偿。然而，通过将第二项专利聚焦于生产方法，该方法专利可赋予其所有人额外的"火力"，即，在针对侵权制造商时，允许专利所有人向侵权人要求在其送达侵权通知之前长达 6 年的损害赔偿[8]。

如果获得授权，所建议的第三项专利会赋予其所有人实际控制使用具有橡皮擦的铅笔的权利，针对的是这些设备的制造商和销售商的客户。在这种情况下，方法权利要求也会允许其所有人要求在侵权通知之前长达 6 年的损害赔偿。另外，如果授权的话，该专利可以通过威胁将其客户卷入集体侵权诉讼来削弱制造商和销售商的业务。这迫使这些制造商和销售商向专利所有人寻求适当的许可，从而开辟与实际产品的生产与销售无关的新的收入来源。这反过来又会增加专利组合的市场价值。

然后，有一天，创造了带有橡皮的铅笔的工程师发现，该工具末端的橡皮小块除了会擦掉石墨外还会擦掉干墨水。尽管没有完全理解它，但他相信这是由于铅笔的长度提供了更大的杠杆作用，因此，他提出了一个基于这种新的机制的方法权利要求。虽然公司对扩展到钢笔业务没有兴趣，但是就这项新技术提出专利申请仍然属于公司的最佳利益。

假设工程师的这些关于铅笔的方案获得了专利，该公司就具有了将橡皮擦连接到书写工具上的专利，从而可有效地阻止竞争对手用金属带将橡皮擦连接到钢笔上。然而，通过提交这些专利申请，该公司向竞争对手传授了其基本技术，为他们提供了围绕这些专利来设计他们的产品所需要的信息，从而使其现有专利所提供的任何保护不起作用。通过扩大其专利组合以涵盖相关的非铅笔技术，该公司可确保其在书写工具市场中的持续存在，并使其与互补企业签订利润丰厚的许可协议成为可能。

当然，这个例子只是假设性的。实际的方案和发明会复杂得多，这是专利申请始终应当在有资格的专利从业人员的指导下起草的原因。

时机也是一个重要的问题。如果该铅笔公司在工程师把橡皮擦固定在铅笔末端之后就马上将其权利要求拿给专利律师，则很可能会提交单一专利申请，而该申请可能不会导致专利的颁发。唯一能从中受益的人将会是该铅笔公司的竞争对手，他们会利用公开的专利申请来了解该铅笔公司的产品，使得他们能够做出竞争性的变通方案，而他们无需又花钱又麻烦地进行自己的研发。

七、准备申请

确定了发明及其发明人后，你就可以准备提交专利申请了。在有资格的专利从业人员的帮助下，你必须描述你要解决的问题和你解决它的方法，以及那些你要寻求排他权的新颖的方面（权利要求）。每件专利申请限于单独的一项发明；如果审查员确定一件申请的权利要求要求了一项以上的发明，审查员就会要求发明人选择哪些权利要求应当获得专利（be prosecuted）❹。其余的任何权利要求都必须被分入一个或多个附加申请（所谓的"分案申请"）。或者，审查员可能会发现，权利要求根本就没有描述发明，因为有足够的文献资料可以预期该发明。此时，虽然发明人不能更改专利申请的说明书或公开部分，但是他可以修改权利要求以考虑审查员的关注。如果审查员最终发现权利要求的确描述了发明，专利就会被授予，给予一段从申请日起算的大约 20 年的排他权。

在一些情况下，公司可能决定不提交技术的专利申请。这可能是因为该公司相信它可以保持发明的机密性（所谓的"商业秘密"），就像可口可乐糖浆配方的情况一样。当然，该公司的风险是如果有人能够确定商业秘密的内容，它就没有法律保护了。或者，该公司可能选择不为发明申请专利，因为它不想做出或不能担负这种财务投资。这会导致该公司不能实施其自己的发明的情况，因为其他公司抢先为可实施该发明的技术申请了专利（我们将在后续章节中对此进行讨论）。公司不为其发明申请专利常常是因为公司不打算实施它们或是因为公司缺乏连贯的专利战略。这会变成一个代价高昂的错误，正如在著作《阁楼中的伦勃朗画作》（*Rembrandts in the Attic*）[9] 中所论述的那样。

即使当公司选择为其发明申请专利时，也会有风险。虽然专利可为其所有人提供重要的法定利益，但是不能保证专利申请就会产生授权专利。也就是说，所有的专利申请在提交后 18 个月都会被公开，不论是否被授予专利。在这种情况下，发明人给予公众利用发明的权利，但是发明人没有获得对其侵权的保护。

尽管没有战略能够确保会授予专利，但是在专利申请过程的每个点都有可以采取的、可增加审查员说"行"（yes）概率的步骤。这些内容将会在本书中进行讨论。

---

❹ 获得专利的过程，被称作"办理"，将在第 7 章中进行更充分的讨论。

八、五条专利箴言

没有人能够做到每件申请都被授予专利权。有时，审查员会发现与所提出的技术方案相关或不相关的现有技术。在这些情况下，申请人是否能够绕过现有技术常常取决于公开中教导的范围。有的时候，相关技术，例如在先专利，可能由其他公司所拥有。即使有风险，构建坚实的专利战略和组合对于保护你的商业利益也是必不可少的。回想一下，正如在第 1 章中所讨论的，尽管保护你公司的创新是重要的，但是对你的竞争对手所需要的技术拥有专利覆盖同样也是重要的。最后，专利的价值不必与你公司的产品价值相关联。根据这些原则，我们提出了公司赖以生存的五条专利箴言。

1. 早申请、常申请

早申请是重要的，因为专利是授予最早就特定技术提交申请的人，而不是最早发明该技术的人。简单地说，如果你公司的某人发明了某种东西，但没有迅速提交申请，就为任何在后来做出同样的发明内容，但先提交申请的其他公司提供了获得专利的机会。常申请也容易理解。技术在不断进步，专利期满，或者，专利因受质疑而被无效掉。公司需要通过升级其专利组合来不断加强其战略知识财产。

再回想一下汽车 O_2 传感器。保护基本装置的原始专利很久以前就已经到期了。然而，制造商通过提交改进技术的专利申请来加强其专利组合，这些改进技术包括：内部加热器，其允许 O_2 传感器更快地开始从冷引擎向电子控制单元（ECU）反馈信号从而减少有害排放物；用于控制燃料和空气吸入量以改善化学计量的方法和装置；将来自 O_2 传感器的信号并入 ECU 的方法；多个 O_2 传感器的使用等。大量公司持续在该领域获得专利，表明该技术和覆盖该技术的专利都是很重要的。

2. 若无法解决它，就以它为特征

未得到解决的问题可以以某种其他方式提供益处吗？考虑一下较早给出的与橡皮干墨水擦有关的假设性例子。假设，你公司铅笔部的一组工程师断定，使用热收缩聚合物将橡皮擦固定到铅笔上在成本上更划算。尽管在施加切变应力以擦除墨水和铅笔痕迹时该聚合物为铅笔提供了充分的支撑让其固定橡皮擦，但是如果有人使用适度的张力，例如当通过拽拉橡皮擦或聚合物部分从其口袋取出铅笔时，聚合物套就会从铅笔上滑落，使得橡皮擦和铅笔分成两个不相连的部分。

自然地，橡皮擦不再能够擦除干墨水痕迹。尽管进行了重复尝试，但是铅笔部的工程师未能纠正这一问题。然而，这创造了获得专利覆盖和在市场上销

售产品的机会，因为你的公司现在具有能够擦掉铅笔痕迹和干墨痕迹的橡皮擦，而且如果被磨损掉或损坏，橡皮擦是可以更换的，因为它是可拆装的。实际上，不能被解决的问题被转换成一种特征，因为它解决了另一个技术问题，即可更换性。

3. 如果有值得解决的问题，就有值得申请的专利

你的公司已经投入大量的金钱来解决问题，该问题的技术解决方案可为你的客户提供适销产品或服务。如果这些产品或服务对你的公司是有利可图的，它们对其他公司应该也是有利可图的。如果你的这些问题的技术解决方案未通过适当的专利组合加以保护，其他公司就更能从你的技术方案中获益。如果你的技术进步不值得花费数千美元来获得专利保护，那你的公司当初为什么投资了该技术？

4. 如果必须把它向称职的同仁解释两次，那就必须将它申请专利

如果普通的小学五年级学生通过查看现有技术能够想出你的技术方案，则该方案很可能没有创造性。相反，如果工程师或专利从业人员通过查看现有技术不能想出你的技术方案，则它很可能是有创造性的。这条箴言是基本的日常性预防原则，可以防止发明人低估其发明潜力的倾向，并且有以下几种展现方式。

如果发明人到教科书或杂志中查找解决问题或"关键性挑战"的方案并且未发现该方案，则应提交该方案的专利申请。如果发明人不知道并且根据其在该领域的知识不能发现其他人已经解决了该问题，则是发明人首先解决该特定问题的好机会。这是一个很好的提示，应当提交该方案的专利申请，并且专利授权的可能性很大。不要让你的发明人仅仅因为解决新问题是他们的工作就认为他们并不是在进行发明。

如果发明人必须把问题的解决方案向称职的同仁解释两次，并且该同仁在理解了它之后，仍认为它是一个好的技术方案，则应提交该申请。就这条箴言而言，称职的同仁是某个与发明人具有类似技能、教育和经验的人。

但是，同仁并不是某个针对特定问题或者甚至在特定技术领域一直工作的人。例如，在汽车传动系统方面工作了 10 年的工程师是在汽车工业中致力于排放控制问题 10 年的工程师的同仁。

经常有关于问题的解决方案是否显而易见的提问，因为显而易见性能够排除专利性。如果为了让另一个与发明人具有类似技能的人理解问题的方案必须将技术方案向他解释两次而不是仅仅显示一下既成事实，则该方案大概是非显而易见的。如果在第一次解释技术方案时这个人不理解该方案，则该方案基本上不是显而易见的。在这种情况下，称职的同仁代替了小学五年级学生，他是

一个更有见识和洞察力的人。给你的发明人时间，让他们与超出其所在专业范围的同仁讨论他们的想法，并鼓励他们倾听对方的反应。"好主意！"这样的意见不仅仅是赞美，也可以表示一个潜在的专利性机会。

5. 如果必须将它向专利从业人员解释一次，那就将它申请专利

如果称职的发明人认为值得将其解决问题的技术方案告诉专利从业人员，则可能值得考虑提交专利申请（这不包括那些递交专利报告以设法丰富其履历的发明人）。我们经常遇到的情况是许多严肃、老练的工程师常常并不考虑专利。当你使用本书中所描述的战略时，这种情况将会逐渐改变。但是，当你开始特意滔滔不绝地讲专利战略时，如果你的发明人确实注意到一个想法可能值得考虑申请专利，那就按他说的办，他们往往是正确的。另外，接受他们的想法并给予充分的考虑会鼓励发明人在将来提出更多的想法。如果发明人认为值得将解决问题的技术方案向专利从业人员讲解，而且该从业人员并不认为该技术方案在展示时是马上能够展现出来的，该技术方案就具有很好的获得专利的机会。

我们将在整本书中向你说明如何用这五条箴言来制定有价值的专利战略。

再次强调，本书不是要成为一本关于为自己的发明来申请专利的教科书。专利是法律文件，撰写专利是有资质且经注册的专利从业人员的工作。但是，我们可以且将做的是帮助你将这五条专利箴言注入你现有的工作流程中，从而建立富有创新精神的企业文化，进而创建强有力、可执行的专利组合。构建这样的专利组合会使你的公司在规制越来越严的世界中（在这样的世界中消费者的认知性更强、要求也更为苛刻，并且更容易获得信息）比以往能保持更强的竞争力。

我们将向你说明如何优化你的申请过程并为你的发明人提供每件专利申请所需的资源准备，帮助你构建强有力的专利组合而又不让你的公司花费过多。我们将为你提供工具，帮助你决定在何时、何地提交你的专利申请，以及如何克服你会遇到的挑战。最后，我们将帮助你确定你的人员阵容，包括提供建立你的专利团队的深层次认识。

通过将灵活的专利战略与良好的专利团队相结合，你的公司将有更好的机会将公司的知识财产的价值货币化。战略性专利组合不仅可以为你提供起诉他人侵犯你的财产的理由，还可以有助于防止他人起诉你。即使产品销量下降，出售和/或许可专利也可以大大地提高公司的收入，从而推高股价并提高市场占有率。专利是极好的工具，但要取得成功，你需要拥有的不只是一个好的技术方案，你需要拥有整个问题。

参考文献

1. James Burke, *Connections*, Little, Brown and Company, Boston (1978).

2. James Burke, *The Day the Universe Changed*, Little, Brown and Company, Boston (1985).

3. https: //en. wikipedia. org/wiki/TRS – 80, 于 2015 年 1 月 2 日检索。

4. https: //en. wikipedia. org/wiki/Atari_2600, 于 2015 年 1 月 2 日检索。

5. Will Astor, "Device created by nurse ready to hit market," *Rochester Business Journal.* 5/4/2012 http: //www. rbj. net/print_article. asp? aID = 191227. 于 2014 年 11 月 11 日查看。

6. A. L. Backus and R. M. Popeil, U. S. Patent #7,424,849 (2008).

7. A. Backus and R. Popeil, U. S. Patent #4,807,862 (1989).

8. http: //patentlyo. com/patent/2010/03/the – marking – requirement – here – is – how – the – statute – has – been – interpreted. html, 于 2015 年 1 月 2 日检索。

9. Kevin G. Rivette and David Kline, *Rembrants in the Attic*, Harvard Business School Press, Boston (2000).

第3章
专利战略构建与专利工程

今天的大多数公司，从小型初创公司到大公司，都认识到知识财产是真金白银。被高度关注的案例，例如苹果公司针对三星公司和谷歌公司的诉讼，非常明显地表明，执行专利（enforcing patents）的收益与制造产品的收益也可以一样多，如果不是更多的话。正因为如此，企业对申请和获得专利的重视程度非常高，纷纷增加其专利持有量。

这股专利普及的浪潮清楚地表明了哪些公司理解、哪些公司不理解其知识财产的真正价值。我们所有人都在全球水平上竞争，使得情况更加复杂混乱；在你推出一款伟大的产品后不久，竞争就会在全世界迅速发生，竞争常常发生在那些税收、劳动力成本和政府法规大大少于美国的国家。

如果韩国的一家公司决定抄袭你的技术并将所产生的产品销售到中国和印度，那么一件孤立的美国专利将不会保护你。对于许多企业主来说，决定致力于追逐哪些专利和将哪些束之高阁似乎比首先发明技术方案更难。你的企业只有这么多资金，如何来制定并实施一个将会产生高价值专利组合而又未使你的企业破产的专利战略？让我们首先讨论以下五种专利战略，尽管这些战略十分频繁地被使用，但是往往会导致软弱无力的专利组合，而且让你的公司负担不必要的费用。

一、五种专利战略

单一专利就像一块扔进溪流的石头。溪流中的水可能会绕过石头而改变方向。在某些情况下，水甚至可能漫过石头而不是改变方向。如果要阻止或控制水流，就必须使用许多石头来建一座水坝。单单一块石头，无论多么巨大，都不会阻止溪流的流淌，这与专利的情况一样。

单一专利可能会迫使竞争对手围绕你的技术寻求其他方法，但并不能阻止他们推出竞争技术。在某些情况下，他们甚至会将重要的使能技术专利化❶，这将阻止你的公司实施你的发明，从而迫使你的公司将专利权赠予他们，甚至向他们支付许可费，就像水可漫过单块石头那样，而不是绕过石头转向。

阻止这种事情发生的唯一方法是构建足够强大的专利组合，使你拥有整个问题，而不是仅仅拥有解决问题的一个特定方案。

如果缺乏这种能力，你的公司就需要拥有该问题的足够大的部分，使你的竞争对手如果要参与这个市场的话就必须与你谈判合适的专利交换协议。这类似于之前讨论的关于 O_2 传感器的专利组合。在那种情况下，没有单独一家公司拥有整个问题，而是多家公司拥有问题的足够大的部分，从而可以生产汽车。其他不具有专利的公司被迫向诸如博世（Bosch）之类的公司购买传感器，支付博世想要收取的价格。它们有可能还不得不购买将 O_2 传感器与计算机连接在一起的其他部件和软件，以使汽车的运行性能可以被接受。

制定对你或你的公司有效的专利战略，不论现在还是将来，都是关乎公司健康发展的极其重要的一部分。专利战略定义了公司的技术重点，因此将会定义你的公司在每个层级的创新文化。

不论大小，大多数生产产品的企业都会使用下列五种用于构建专利组合的战略方法之一：特定方案申请（solution-specific filing）；专利图景（patent landscaping）；意大利面条式申请（spaghetti filing）；大杂烩式申请（mish mosh filing）；以及人人喜爱的鸵鸟式（ostrich approach）。尽管它们的核心哲学是不同的，但是这五种战略的共同点是它们的效果都不好。

在讨论企业常用的这五种专利战略之前，让我们先简要地考虑一下如何进行专利战略的制定。让我们先假设一组工程师处在设计新产品的过程中。该产品可能仅仅是从你的公司已销售的那些产品演变而来的，或者该产品极为不同并且非常新颖。不论哪种情况，该过程是类似的。

除了你的工程师团队外，再有一名专利工程师将会是非常有价值的。专利工程师，是对产品开发中所涉及的技术和专利法的应用知识都很了解的人，本书稍后将对其进行详细的讨论。专利工程师可能是也可能不是特定项目组的成员。专利工程师了解竞争对手的技术是非常重要的。

战略化过程始于专利工程师让项目团队列出产品的理想特征和感知获得这些特征的方法。然后项目团队将会讨论作为感知产品的必要组成部分的各种系统和子系统之间的相互作用。这些通常构成了工程师要致力解决的问题，并产

---

❶　使能技术不同于包含产品的基础技术。相反，使能技术包括解决那些会阻碍实施或商业化基础发明能力的问题的技术方案。

生很多"问题－技术方案"专利申请。这形成了专利战略的基础，但仅靠这些并未构成完整的战略。

这一步的关键要素是将尽可能多的产品设计（包括遇到的问题及其解决方案）摆到桌面上，并认识到这时所知道的并不是全部的设计。

在这个时间点，团队要决定各个子系统是否可以获得专利。如果这些子系统足够新颖，或许是可以获得专利的。如果它是从先前构建的子系统演变而来的，那这些改进或许是可以获得专利的。接下来，讨论子系统间遇到的问题（例如系统相互作用）及其解决方案。这又可以产生很多有价值的专利申请。

一般在设计产品时都要做一些假设，而不同的假设会引导技术沿不同的路线演进。这些假设应该受到质疑。在汽车的例子里，曾经假设需要化油器来计量和雾化燃油。而燃油喷射是不切实际的，因为计算机体积大、昂贵而且运算速度相对较慢。

然而，如前面所讨论的那样，现代微电子技术的应用已经使燃油喷射是不可行的这种原始假设转变为这种技术是非常实用的假设。请记住，专利可以有长达 20 年的寿命。另外，对于特定产品线来说，合理的假设可能并不适用于其他产品。

有一次，从事电子照相定影仪（electrophotographic fuser）工作的工程师曾经向本书的作者描述了一种技术，他们说，该技术能够在墨粉熔化温度下很好地工作。当问到是什么限制了定影仪在那些温度下的操作（本书作者考虑的角度是功能印刷而不是打印文字）时，发明人回答说，纸会在较高的温度下降解。本书作者回应说："有谁提到纸了吗?"在功能印刷所需的较高温度下，本发明可能是非常有价值的。这超出了工程师所做的假设的范围，即该设备仅用于将墨粉定影到纸上。

下一个应当回答的问题是你的竞争对手正在做什么以及他们会需要什么技术来解决他们目前的问题或改进他们的产品。如果技术团队有你的竞争对手所需要的技术方案，这些技术方案也应当被纳入你的专利战略中。这样的专利可能是非常有价值的；再次提醒读者，应当将专利视为你公司产品线的很有价值的一部分，而不仅仅是一笔花费。

现在重要的是决定何时提交专利申请以及提交哪些专利申请。所产生的许多公开信息很可能应当同时提交，以防止它们成为后续申请的现有技术。可能还会有其他的时机限制，例如即将到来的、将展示该产品的商品展览会。有关专利申请中应当公开什么的具体信息将在后面的章节中讨论。现在这样说就足够了：随意提交各专利申请可能会对你构建高价值专利组合的能力产生不利影响。

现在让我们返回来讨论企业构建专利组合的五种常用战略或方法。然而，这些方法常常导致巨大的花费，而产生的价值很小。

在这里讨论的五种战略中，最常见的方式是"特定方案申请"，它依赖于企业提交特定技术方案的专利申请，这些特定技术方案是企业为其特定产品而开发的。当解决你的问题的可能方法只有一种时（这种情况很少发生），这种方式是富有成效的。你可能已经获得了粉笔和黑板的专利，但一旦有人发明了干擦记号笔（dry erase marker），你的专利的用处和盈利能力就会消失。虽然这种方式可能是结构化的，但是它对于优化你的专利投资没有多大作用，而且会助长你的研发（R&D）雇员将其想象力局限于你公司投资的特定产品技术方案，从而削弱公司的创新产出。这限制了你的专利组合的威力，使其仅在直接产品侵权的情况下才有用。

"专利图景"是企业试图在专利活动很少的技术领域提交大量的专利申请时发生的。这些专利领域往往被称为"空白"，因为这些领域里几乎没有专利。公司选择这种方法是希望"进入底层"，期望他们最终会变成可营利的技术专利化。这种方法的优势是明显的，即，通过在欠开发的技术领域运作，公司可以节省其专利申请的周转时间（turnaround time），并将相关法律费用降到最低。如果你能预测未来，这种方法是非常有效的；否则，你只不过是在下一昂贵的赌注，冒险投入大量的资金来获得可能有价值也可能没有任何价值的专利。

在技术非常新并且很有价值的情况下，"专利图景"会是一个非常好的战略。但是，需要谨慎行事。经典案例也许是切斯特·卡尔森（Chester Carlson）案，他发明了干式电子照相术并且取得了专利。该项技术在当时显然是创新的，因为竞争技术包括又湿又脏的染料转印复印（Verifax）工艺、打字机和复写纸，以及油印机。尽管该技术在当时是新颖的并且最终导致了办公复印机和激光打印机的产生，但卡尔森却难以出售其发明的权利。❷ 在决定是否进行"专利图景"时，需要注意的是，过分自信会导致失败。

第三种方式是"意大利面条式申请"，经常使用这种方式的是规模较小、缺乏经验的公司，以及研发与用户产品开发分开的、规模较大的公司。按照这种战略，企业所有人对其研究人员和工程师提出的任何技术进步都提交专利申请，不论该技术进步是否与其市场或商业规划相关。企业所有人在这个过程中

---

❷ 卡尔森曾试图出售他的发明，但被多家公司拒绝，这些公司包括 IBM 和伊斯曼柯达公司。他最终说服了约瑟夫·威尔逊（Joseph Wilson）冒险进入该业务，后者是一家濒临破产的名称为 Haloid 的照片洗印公司的 CEO。威尔逊随后将公司的名称改为施乐（Xerox），译自希腊语，意思是"干写"。

得到了其非常敬业且有能力的技术人员的协助；这些技术人员以其技术进步的所有权为自豪，寻求通过被冠以专利发明人称号而获得自然而来的褒奖。

"意大利面条式申请"经常遭遇的另一问题发生在专利申请的办理过程中，我们将在第 7 章中对其进行更详细的讨论。该问题是，由于经常是不相关的专利申请过多地交织在一起，使得在专利申请本身中或者在办理申请期间与审查员的通信中会做出相互矛盾或限制性陈述。这些陈述会成为公开记录，审查员可能会使用这些陈述来拒绝给予专利；以后当你的公司试图主张其专利权时，法院也可能会使用这些陈述来裁定该专利或正被主张的专利的意思并不是你在法庭上所陈述的它的意思，甚至更糟的是，法院可能会裁定专利是无效的。实际上，你的技术团队成员可能会被强迫走上证人席来解释某项其他专利是如何排除正被主张的专利的有效性的。结果会是令人尴尬和烦恼的，更不用说代价高昂了。

虽然这种战略可以产生大规模的专利组合，但是它也是花费非常多的；很可能是，所产生的专利（和/或产品）对企业和其竞争对手都没有价值。

与"意大利面条式申请"相关的是"大杂烩式申请"，它有时被这样的一些公司采用：这些公司感觉需要尽快扩大其专利组合——这通常是对其竞争对手的专利组合的担忧所做出的反应。这些公司不顾一切地扩大其专利持有量，经常向其研发人员征求任何和所有发明，然后不论其相关性和质量如何，就其所得到的任何发明，包括那些已经在犄角旮旯里搁置了很长时间的发明，都提交专利申请。

与"意大利面条式申请"策略非常相似的是，"大杂烩式申请"产生庞大而昂贵但几乎没有什么实际价值的专利组合，一般来说，极少聚焦于任何具体问题。这种方式尤其具有破坏性，因为最有可能使用它的公司是那些现金流受到某种威胁的公司。在某些方面，"大杂烩式申请"可以被认为是结合了"图景"战略和"特定方案"两种战略的最坏的方面：在未以商业目标为导向的情况下公开了大量信息。

最后，我们来讨论"鸵鸟式"。这种方法虽然比较少见，但常常被一些独立发明人使用，这些独立发明人对专利制度不熟悉，如果没有回报保证的话，他们会对在法律服务上的花费持怀疑态度。也有一些小公司和大公司采用这种方法，这些公司只将申请专利和维持专利看成是不必要的开支，采用这种方法是为了将这些开支减至最低或消除掉。

这种"鸵鸟式"的经典例子是伊斯曼柯达公司在即时照相领域所持有的范围狭窄的专利。具体来说，柯达公司在当时已经获得了保护其拥有的即时照相化学组合物的专利。这种化学组合物不同于宝丽来公司（Polaroid）在其产品中所使用的。然而，即使柯达公司当时在为宝丽来公司生产胶卷包（film packets），柯达公司当时既没有在较普通的使能技术中寻求专利，也没有寻求宝丽来公司所需技术的专利。可以推测，柯达公司当时具有开发这种会导致这类专利的技术的洞察力和机会。

当柯达公司决定进入即时照相业务并销售自己的产品时，宝丽来公司起诉了柯达公司，并最终获得了约 9 亿美元的损害赔偿，并迫使柯达公司终止其业务。如果柯达拥有宝丽来公司所需的任何专利，可能就会出现不同的结果。

"鸵鸟式"的拥护者通常完全忽视专利。他们不就其技术提交任何专利申请，不管这些技术感知价值有多大。当中的许多人不了解他们的竞争对手，而那些了解的人往往认为他们的那些更大、装备更好的竞争对手永远不会注意到他们。这种方式使发明人和/或企业主即使面对最小的攻击都很容易受到伤害；在这种情况下，竞争对手可以使用单一专利来摧毁整个产品线，并且有可能使公司破产。"鸵鸟式"使企业家容易受到掠夺者的伤害，掠夺者会窃取他们的技术，并采取对其有利的方式使用所窃取的技术，而不以任何方式补偿发明人。

事实上存在一种更好的方式。

二、一种新的战略：特定问题申请（Problem-Specific Filing）或"拥有问题"（Owning the Problem）

想象一下，你生活在原始世界，获得基本的必需品（食物、棚屋、衣服）需要付出艰苦的劳动和不断的努力。在每天结束的时候，你都会回到你的棚屋，你由于狩猎筋疲力尽，你的手指因采集东西而变得皮开肉绽，你环顾四周寻找休息的地方。你的铺盖卷在角落里，但是你还不想躺下休息。你想要做的是坐下……但是你可以坐在什么上呢？在森林里，你可以坐在一棵倒下的树上，而在这里，除了泥泞的地面什么也没有。

有一天，你决定走出棚屋到林子里给自己搞一棵树。因为你的棚屋很小，所以你只拿了树的一段。你把它带回家，你很高兴，因为现在你有一个干净、干燥的地方来歇息你的双脚。你的朋友来了，要求你为他做一个。后来，他给铁匠看了，铁匠想要一个放在他的铁匠铺里。不久，你就有了一个兴旺的小生意，把大块的树桩砍下来，把它们卖给邻居当座（seat）。不过，你知道别人去砍他自己的树桩，从而侵夺你的好事只是个时间问题。因此你有了一个最好的想法——你决定去找村长（village elder）并告诉他，如果他告诉其他人，你是村里唯一可以用原木制造座的人，你就会将你的一部分利润给他。然后你回到家，高兴地确信你的好主意以及与之相关的业务受到了保护。

想象一下，当你有一天外出发现那个铁匠炫耀一个他用废金属拼装起来的座（stool）时，你会感到惊讶。很快，所有想要你的原木的人都在铁匠铺购买金属座，因为不像你的原木，这些座更容易移动，而且在外面潮湿时不会腐烂。你去找村长，但他告诉你，他对此无能为力。你提出的是对由原木制成的座的权利要求，而铁匠的座是由金属制成的，因此不在你的协定覆盖范围内。你被竞争打败，你的生意崩溃了，不久你就只剩下一堆旧原木了。

当涉及知识财产时，大多数企业主和/或发明人会认为，保护他们自己的最佳方式是对表征他们的产品的特定技术方案提出排他性法律要求（特定方案申请）。真实的情况就更为复杂了。专利的价值取决于诸多因素，你根本无法控制；而且想要预测哪些专利会对你的潜在竞争对手有价值，即使并非毫无希望，但也实属不易。简而言之，当且仅当他人需要实施专利中所要求的特定技术时，专利才是有价值的。即使其他公司打算生产的产品需要使用你所要求保护的知识财产的话，专利的价值也只是它对其他公司的价值的应变量而已。

即使专利是有价值的，你也不能保证你的竞争对手不能"绕过它"。换言之，专利的价值可能是相当短暂的。你可能拥有原木座（log chair）的专利，但是如果你的邻居不想付钱给你，他只要找到别的东西来坐就可以了。这样，拥有单件专利就有点像在路上留下一块石头——这只是给人们一个开车绕过它的理由。

选择采用"特定方案申请"专利战略的公司通常会错误地认为，它们需要获得解决它们的问题的技术方案的专利，以便它们可以实施它们的技术。事实根本不是这样。一件专利赋予该专利的所有人或受让人排除他人实施该发明的权利，但没有给予专利所有人实施该技术的权利。

让我们再次用原木座的例子来说明这个问题。我们假设原木座的发明人在提交其专利申请之前咨询了一位优秀律师。这位律师检查了发明人递交的内容，并撰写了一项权利要求，该权利要求具体限定了一种更为通用的"适合坐着而不会过度晃动的加高了的平台"，而不是原木座。唯一的进一步描述是这样的平台是由木头制成的。这位律师还询问，是否可以通过使用油漆或清漆之类的表面涂层来改善座的美学效果。在得到肯定的回答之后，该专利申请包括了公开内容和多项权利要求，其中包括一项不涉及制造座的材料但描述了给座涂覆油漆或清漆表面涂层的权利要求。我们现在先不解决该律师是否是该专利申请的发明人的问题。这将在本书的后面部分讨论。

再来讨论一下那位铁匠。他知道，如果留在户外，木材就会腐烂或滋生虫子，于是他就如何制造适合户外使用的座的问题的技术方案提交了专利申请。具体来说，他申请了一种可以留在户外环境中而不会腐烂的铁座（iron chair）

的专利。此外，如果适当涂漆，铁座不会生锈。

铁匠的专利申请的核心是什么？首先，由于他用新的方式解决了问题，即用铁制造室外用的耐腐蚀的座，他能够获得这项技术的专利。但是，他不能获得给座涂漆的专利，也不能出售涂过漆的座。

简单地说，给座涂漆已经被木座（wooden chair）的发明人公开了。木座涂漆是为了美观而不是防锈，但这无关紧要。铁匠不能给他的铁座涂漆，如果涂过漆的话，也不能销售它们，即使他要给铁座涂漆的理由（防腐）完全不同于最初专利中给出的理由（美观）。即使他获得了铁座的专利，如果涂漆的话，生产他的铁座也会侵犯最初专利。同样，他不能获得给他的座涂漆的专利，因为最初的发明人对他的发明拥有完全的权利，即使那人原来并没有意识到所有这些益处。实际上，追求"特定方案"专利申请允许每个发明人获得专利，但并不排除竞争。此外，因为铁座需要涂漆以防止生锈，所以在没有以另一种方式来解决生锈问题的情况下，比如使用更昂贵但较不美观的精整例如给铁镀锌，铁匠是不能实施其发明的。

现在来讨论一种新的战略。相对于特定方案申请，"特定问题申请"这种战略，我们也喜欢称之为"拥有问题"，是一种旨在根据那些必须为你的市场解决的技术问题而不是根据你公司使用的特定技术方案来确定申请的重点这种专利战略。它迫使你的发明人跳出公司的框框来思考，寻找你的技术与竞争对手的技术交叉的地方。按照"特定问题申请"的战略，使用战略性专利来构建可以更好地保护企业利益的强大防御体系。换言之，"拥有问题"不是仅仅拥有问题的特定方案，而是要把特定方案这块石头挡在路上，并把它建成一堵让即将驶来的车辆无法规避的墙。

这似乎是一个复杂的概念，但是通过将公司内部的思维从特定方案转变为特定问题，你可以打开研发人员的思路，使他们能够直觉地了解竞争对手的需求，并发明出将会迫使其他公司给你付费的技术。

考虑一下我们之前的故事。你或许已经阻止了你的竞争对手用原木来制造座，但是他们仍然可以制造座，因为你所做的一切只是对木座提出权利要求。现在想象一下，如果与村长的最初协议的焦点略有不同的话，情况会发生怎样的改变。为了换取一些利益，村长赋予你制造、销售任何用来坐的加高平面的排他权利。于是，为防万一有人灵机一动做出变化，你签订了第二个协议，它禁止其他任何人制造或销售与地面保持水平状态的平台。

通过超越技术方案的细节（制造座的材料）并对所有技术方案所必需的基本解决方案（坐在上面的水平面）提出权利要求，你与村长达成的协议才真正有效。这一次，当你出去看到铁匠在卖他的座的时候，你就有办法阻止他了。谁关心座是不是金属做的，又或者是不是对你的（确实）更原始的座的设计的改进呢？如果没有一个水平面，就不可能制造出可以坐在上面的座——通过对水平面这一基本技术特征提出权利要求，你可以有效地阻止在你的村里所做出的任何关于座的创新，从而垄断市场。你去找村长，他受制于他自己的协议条款，他就会拖着脚步去铁匠铺，并将它关掉。你赢了，铁匠输了，你的座生意迅速扩张。

故事两种结局的差异在于协议的焦点。最初的协议只聚焦发明人的技术方案细节——原木，而第二个更宽泛的协议留下了思考的空间，因此阻碍了其他人在不同情况下解决相同问题的途径。获得这种宽泛思路的最好方法是研究其外在表现的同时深入研究问题的基本机理。即使有一百种解决特定问题的方案，这些技术方案也很可能会有某些共同的基本技术特征。通过围绕这些基本技术特征来构筑权利要求的覆盖范围，你更有可能构建一个可以阻止竞争对手利用这些技术特征的任何实现方式的专利组合，甚至包括那些你可能没有考虑过的特征。

对发电厂周围空气进行净化的问题是这方面的一个很好的例子。虽然每个发电厂都有不同的燃料组合以及不同的环境关注点，但空气中的污染物与捕获它们的物料之间的物理相互作用方式只有有限的几种。你可以将你的专利聚焦于特定的过滤器组成材料，但是你的竞争对手会很容易地选择不同的材料。然而，如果你拥有覆盖这些物理相互作用（如吸收、吸附和范德华相互作用）的专利权利要求，你的竞争对手就很难生产一种不侵犯你的权利要求的产品，这种情况使得这些专利对你和你的竞争对手都有价值。

通过将你的权利要求聚焦于各组成部分之间的联系而不是组成部分本身，你的专利将会具有更广泛的应用，这些应用更有可能覆盖你的竞争对手的产品所必需的技术。无论你是经营一家小企业还是经营一家大公司，除了发明本身以外，很可能你会发现还有隐藏在你的发明要素间的联系中的可专利主题。

认识到这些联系，然后获得这些主题的专利权利要求是你可以控制市场并拥有问题的主要方法之一。一旦拥有了问题，留给你的竞争对手们围绕你的权利要求进行设计的选项会变得很少（如果有的话）。而且，剩余的对他们保持开放的任何选项都很有可能迫使他们做出实用性较差、便利性较差、价格更高的产品。这样，拥有问题不仅可以保护你的利益，而且能够提升你的利益。

当你拥有了问题，你的专利权利要求会描述那些围绕关键问题的关键技术方案选项。在竞争对手完全弄明白权利要求中包含的这一关键问题之前，你已经先于竞争对手想出并且获得了这些权利要求和相应的产品特征。竞争对手总是会有机会设计出一种你没有预料到的完全不同的方法，但是通过利用你的团队已具有的技能和知识，你可以大大降低出现这种意外的概率。

拥有问题不是一种一次性活动；相反，它是一个持续进行的过程，你可以持续探索你已经确定的问题，寻求对任何产品或服务的专利覆盖，或者寻求对可能相关的现有产品或服务的任何改进的专利覆盖。一些公司只在产品完全开发出来并知道全部技术方案之后才申请与产品相关的专利。拥有问题意味着，在整个开发过程中而不是等到最后，你就对技术方案选项提出权利要求保护，这不但可以增加你的创造性产出而且能提高你是最先提交申请的可能性。

三、指导你的技术团队：专利工程师

正如这个概念一样有益的是，"拥有问题"与大多数公司对知识财产的"了解"几乎完全不同。正因为如此，"拥有问题"的概念可能很难融入你公司的当前文化中。这是专利工程的用武之地。大多数人认为工程师是用来解决复杂技术问题的，事实上他们也确实如此。

源于良好设计的产品对于公司乃至世界会有巨大的价值。像产业工程师一样，专利工程师也处理复杂的技术问题；但是，专利工程师致力于优化专利申请过程，而不是专注于产品或技术开发。通过将设计工程与专利工程结合在一起，你的公司更有可能识别客户所遇到的问题，然后创造性地解决这些问题并且不受你的当前产品线的具体细节或应用的限制。

如同任何一种工程一样，专利工程的第一步是规划你想要的结果。要精心地选择你的专利战略，因为你的战略选择将会定义你公司的创新与进步能力。然后，要确保你的所有成员观念一致。发明人与律师定义"发明"这一概念的方式不同，像这样的分歧尽管不多，但会阻碍良好的专利战略。很多时候，发明某种技术的工程师不明白法律上定义的发明实际上是什么概念。更加令人困惑的现实是，虽然与工程师一道工作的专利律师熟悉专利法，但是专利律师可能并不具备发明技术领域的良好工作知识，因此，不能指导发明人围绕发明人的技术来构筑坚实可靠的专利保护。要确保你的工程师对专利从业人员的职责有所了解，反之亦然，并且要提供可帮助所有人一起和谐工作的沟通工具。

重要的是要注意，你的专利团队中的每个成员都需要了解公司的专利战略以及他们融于大局的方式。如果一位工程师正致力于一个项目的几个特定问题，他就可能不具有整体观，并且可能不明白各种技术要素要如何组合起来才能形成专利战略。当一组工程师所致力于的技术方案的专利申请透露的信息阻止或妨碍另一组工程师的其他重要专利申请的提出时，就形成了过早公开，这种情况时有发生。

当公司具有跨越多种技术的多个研究项目时，这一问题会变得更为复杂。

例如，既生产喷墨打印机又生产激光喷射式打印机的公司可能有在各个领域工作的不同的工程师团队。虽然这些过程在纸上施墨的方法各不相同，但是和写入像素（由其产生字母－数字字符和用于形成图片的半色调点）有关的算法和方法可能存在交叠。

由于色彩校正算法和方法（例如边缘控制、包括产生全色印刷的分色的色彩配准、噪声校正，等等）跨越了不同的技术，彼此之间交流有限的各个团队有可能在同一时间致力于相同的技术。

另一个例子是纸张递送。这项技术跨越了喷墨打印机和电子照相打印机，并且在其他工业领域例如平板印刷中也可能有价值。事实上，纸张递送可跨越许多与印刷完全无关的工业，例如砂纸的制造。重要的是，在制定专利战略时，要跳出你公司正在生产的具体产品来思考问题。

帮助你的团队成员理解他们如何融于公司大局也有助于他们理解自己的工作如何影响更大的市场。在你的设计人员在他们的实验室和工作室中消除缺陷、解决问题的时候，你的竞争对手也正在快马加鞭地工作，以设计出能与你的产品直接竞争的产品。他们处于同一个市场，试图解决同样的问题，因此，他们很有可能正在遭遇并解决你面临的相同挑战，纵然他们使用不同的技术。例如，一家公司使用激光扫描仪将其静电潜像写入其大容量电子照相印刷机中，而另一家公司使用 LED 阵列。尽管这些方法不同，但两家公司都需要使用成像算法来驱动各自的写入子系统。当你的团队成员认识到他们需要寻找在你的市场中经营的每个人所面临的共同问题并找到这些共同问题的技术方案时，他们更有可能在所遇到的这些问题与开发的技术方案有交叠的区域提出有利可图的创新。

四、对申请、办理（Prosecution）和权利要求的简单介绍

当把提议的专利申请推进至实际的申请阶段时，需要考虑几个因素。提交申请之后，专利局会把申请分配给特定技术主管部的审查员。专利申请现在就进入被称为"办理"的过程。专利申请的"办理"将会在第 7 章中进行更详细的讨论，但是有必要在这里讨论几点细节。

为了说明问题以及发明是如何解决该问题的，在该过程的这个时间节点进行适当的文献或专利检索是极其重要的。这并不是说，审查员不会发现或结合其他技术导致作为发明法律描述的权利要求必须重新撰写。

可能必须要与审查员进行讨论。但是，如果没有适当和比较彻底的初步检索来指导申请中面临的讨论，则获得合适专利覆盖范围的概率会大大降低。

还应当注意，进行完备的检索可以帮助你确定你的发明的权利要求的范围

可以有多宽。例如，你的公司生产喷墨设备，拥有的一项专利公开了你的工程师发明的一种堆叠打印纸张从而便于干燥的新方法。检索表明，任何文献都没有描述该发明。

或许这项技术对于那些在制造砂纸时必须将涂布到纤维支撑物上的研磨颗粒的浆料进行干燥的公司也是有价值的。无论钱作为专利使用费从砂纸制造公司进入你的喷墨设备公司还是钱从购买你的打印机的消费者进入你的公司都一样令人愉快。

回到第 2 章的铅笔例子，所提出的发明的范围越窄，如专利申请中所公开的那样，办理通常就会越容易，获得专利的概率也越高。其实，如果将该发明的权利要求限定于带有可以马上擦掉墨的铅笔痕迹橡皮擦（rubber pencil mark eraser）的铅笔，审查员就会在其检索和论证中局限于这样的铅笔。

相反，如果将该权利要求的范围扩大，使其包括附加了橡皮擦的杆状物（shaft），审查员就会对杆状物进行检索。另外，如果审查员发现了附加橡胶件的轴，他就会驳回该专利申请，即使该橡胶件是用于完全不相关的目的，例如用于橡胶衬套，并且，擦除干墨水痕迹的能力会被认为是安装在该轴上的橡胶的固有能力。

另外，发明范围的限定将会决定专利申请被送到 USPTO 的哪个部门。这也会影响获得专利的概率。专利律师也可能会引导发明人将其发明进行狭窄的限定，这是因为：1）这会使成功办理的概率更高；2）专利律师缺乏技术专长来充分理解并帮助限定所提出的发明。技术团队必须要理解所提出的发明的所有方面，并将其介绍给律师，以便律师更好地做专业的事情——提供法律意见。

遗憾的是，将发明的范围限定得过于狭窄是有很大缺点的。所获得的专利可能提供不了所需的保护。很多时候，在专利颁发了很久以后并且当竞争公司生产了与你公司销售的产品相类似的产品时这种缺点才被发现。这时，你找你的律师接触，询问可以做些什么，在经过详细而艰苦的分析之后，你发现你的竞争对手已经围绕你的权利要求进行了规避设计并且没有侵权。你花费大量金钱获得专利，不料竟发现正是在你原以为自己有专有实施权的领域竞争仍然存在。

还应当认识到，专利法排除了就一项发明多次提交专利申请的情况。如果发明人就附加于杆状物的橡皮擦提交了专利申请并且该申请被驳回，则该发明人再就范围更窄的附加于铅笔的橡皮擦的发明提交专利申请就会遇到困难，因为术语"杆状物"可以被解释为包括铅笔。因此，你自己的申请已经公开了该发明，并且现在已成为现有技术。

那么，试图获得足够宽广的发明保护范围，同时又避免专利最终没有被授予，如何处理这样相互矛盾的问题呢？答案是将技术进步拆分为一系列较小发明并就所有这些发明都提交专利申请。使用我们的例子来说明，就将橡皮附加到铅笔、钢笔、尖笔以及非铅笔、钢笔或尖笔的杆状物上的发明，都分别提交专利申请。

与"特定问题战略"相关的法律费用是相对适中的，因为各申请中所包含的公开内容差不多是相同的，而权利要求中的差异尽管非常明显，但并不太大。当然，会需要单独的申请费，以及任何与这些申请案的办理相关的费用，包括适当的法律费用。然而，实施这一战略的一个关键要素是，专利申请应当全部在同一天提交，以便没有任何申请构成对其他申请的现有技术。

这一战略保护核心发明，即铅笔顶上的橡皮擦。然而，应当了解的是，一家公司必须实施专利中的一项权利要求的全部内容才构成专利侵犯。简而言之，一家公司如果实施了一项权利要求中的 90% 的教导，但没有实施其余的 10%，就不构成侵权。这将在后面的涵盖专利清查的章节中进行讨论。

鉴于一家公司需要实施一项权利要求的全部内容才能被视为侵权，现在让我们来看看所提出的专利是否能够真正提供所希望的保护，以防止竞争对手推出类似的产品。思考一下发明在所提出铅笔顶上的橡皮擦所用的措辞。具体而言，所提出的发明包含如下措辞："通过缠绕在铅笔和橡皮铅笔擦上的金属带附加到铅笔顶部的橡皮铅笔擦"。为了更容易理解以下讨论，我们有必要暂时离题进行关于两类权利要求即独立权利要求和从属权利要求的讨论。

在专利中有两种类型的权利要求。独立权利要求，通常有 1~3 个，陈述基本发明。还有从属权利要求，从属权利要求表示基本发明的各种改进，可以包括实际实施发明的各种优选方式。从属权利要求"引用"其他从属权利要求或独立权利要求。我们已经确定，对于专利的独立权利要求，侵权人必须实施该独立权利要求的全部内容才构成对该独立权利要求的侵权。对于从属权利要求，侵权人必须实施该从属权利要求的全部内容以及该从属权利要求所从属的任何权利要求的全部内容才构成对该从属权利要求的侵权。

对以上内容了解了之后，让我们来检查一下第一项发明，假设所写的内容表示的是独立权利要求。该发明的发现在于在橡皮擦安装到诸如铅笔之类的杆状物的顶部后，以前仅能够擦除铅笔痕迹的橡皮擦现在可以擦除干墨迹了。你知道将权利要求局限于铅笔会严重限制授权专利可以抗衡销售类似产品的竞争对手来主张颁发的专利的范围，因此你在制定专利战略时就考虑了这一点。同样要命的是，该权利要求还要求使用金属带。任何非金属带，例如塑料带，都会完全避开该专利，给予你的竞争对手不侵犯你的财产的轻松容易的替代方案。即使使用了金属带，如果它只是部分地围绕橡皮擦，那你的竞争对手也未百分之百地实施你的权利要求，因此仍然不会侵犯你的专利。较好的做法是，不限制基础的独立权利要求，而是将金属带移动到一项从属权利要求中，同时提交其他的那些限定用于橡皮擦连接的备选装置的从属权利要求。更好的做法是，你可以将连接技术和装置作为覆盖使能技术的单独专利来提交申请。

为了拥有全覆盖的专利战略，也应当提交那些覆盖可以实现同样目标的替代方案的专利申请。应当问一些像这样的问题：其他人能够获得类似的结果或产品吗？在当前的例子中，一般的弹性体能代替橡皮作为干墨擦（dry ink eraser）吗？别的装置可以用于连接橡皮擦吗？在确定产品设计时，还有什么想法未被采用吗？可伸缩或可替换的橡皮擦或许就是这样的一种想法。这样的一些想法常因不适合当前构思的产品而被摒弃，但是它们对于其他的产品例如机械铅笔（自动铅笔）或钢笔会相当有价值。另外，专利战略的目标应当是"拥有问题"而不仅仅是问题的特定方案。即使你的公司不打算生产机械铅笔，许可费以及与确实生产此类产品的其他公司的交叉许可协议也会是利润可观的。

要考虑以下问题是非常重要的，即如果用于产品设计的假设不同的话，会发生什么变化。让我们考虑一下汽车技术。多年来，内燃机的火花和火花正时是由称为分电器的旋转机械装置控制的。该装置包含一个被分电器内的旋转凸轮打开和关闭的开关。

所述开关通常被称为一组点。来自各点通道的电磁脉冲被馈送到点火线圈中，点火线圈增加了内燃机的适当气缸中的火花塞的火花隙上的电压并允许在该火花塞的火花隙上产生火花。分电器是精确的机械装置，通常在使用它的汽车的寿命中运行良好，因为它能够有效地安排火花发生和持续的时间。

在通常以高达每分钟数千转的速度旋转的发动机中，火花的时机和持续时间是非常重要的。分电器有一个额外的优势，可以通过使用真空提前机构和离心砝码（centrifugal weights）随着发动机转速的变化来调整火花发生的时机。

然而，当计算机技术变得紧凑且便宜后，分电器就变得过时了。计算机技术不适用于汽车这一主要假设发生了变化，并且随着这一变化，火花正时的方法也发生了变化。当计算机可以控制火花时，就不再需要昂贵的机械分电器了。

这里的关键点是，当原来的假设不再有效时，实施基于这些问题的特定方案假设的"特定方案申请战略"就不再有效了。专利有长达 20 年的有效期，而假设随着技术和市场的变化而变化。柯费尔（Keuffel）和埃瑟（Esser）从不会想到其盈利的计算尺和方格纸业务将会因计算器和台式计算机的出现而消亡。这意味着如果要拥有在未来有价值的专利覆盖范围，就应当努力获得可以允许的最广泛的覆盖范围。这通常意味着，撰写权利要求尤其是独立权利要求时应当尽可能少地使用限制因素（条件）。

通过以上讨论可知，重要的是要认识到不应该丢弃任何想法。检查每个不落俗套的想法，以确定实施是否可行，如果可行，在什么情况下可行。如果你的竞争对手无法实施你的专利技术，他们是否会接受其中的一个想法来推出他们的竞争产品？这样的产品会削弱你的市场吗？利用其中一个被丢弃的想法生产的产品有其他的应用吗？如果技术改变了决定你的设计的基础和根本事实，你会改变你的设计吗？其他设计更适于改进吗？如果其中任何一项属实，你的公司就应考虑对它们进行专利申请。此外，在同一天使用相似的公开内容来提交申请可以减少法律费用，并可为你提供更有效的覆盖范围和保护。

在制定你公司的专利战略时，你应当考虑竞争对手的产品的缺点和局限性。在大多数情况下，你的工程师将分析或使用与你销售或打算销售的产品相似的但由你的竞争对手生产的产品。这些产品的缺点常常会变得清晰可见，你公司的技术专家通常会提供改善或纠正这些缺点的知识。你公司拥有的解决这些问题的专利可能具有很大价值，因为你的竞争对手可能会需要获得该技术——这些你公司拥有的技术！

你拥有的与特定竞争产品相关的专利越多，至少其中一些专利越有可能得到法院的支持，也因此可用来限制你的竞争对手。

即便如此，重要的是要注意到，虽然"特定问题申请"的概念可以应用于所有情况，但其实施必须根据每个公司的具体需求做相应的变化。满足一个组织需求的实施战略对另一个组织来说可能是过分的行为。对于一个特定组织例如大学有效的战略可能完全不适用于基于其知识财产制造产品和/或使产品商业化的公司。

五、专利战略的其他目标

正确设计的专利战略具有几个与第 1 章中所列出的目标相关的目标。专利战略应最大限度地提高商业价值，也就是知识财产组合对其他机构的价值，这种商业价值受制于可用于支持该战略的资源。这可能是一把双刃剑。一方面，公司拥有的专利越多，商业价值一般会越大；另一方面，专利越多，意味着在构建和维护专利组合的过程中花费的时间、精力和金钱越多。

其次，专利战略在理论上应试图建立一个专有的市场地位，无论拥有该专利组合的机构是否会生产那些受该组合中的专利保护的商品或服务。尽管这可能看起来像是赘述，但无论专利是否实施，制定恰当的专利战略的目标之一，是必须保护知识财产，特别是发明。保护单项发明是相当简单直接的。然而，如果团队正在致力于研究拟议产品的各个方面，如果不采取适当的谨慎措施，与解决一个问题有关的专利申请的提交就可能会对在该问题的其他方面获得专利覆盖的能力产生不利影响。重要的是，随着有关潜在发明的申请开始成形，专利工程师要对该过程进行监管以确保战略发明得到保护。

在你敲定公司制定的专利战略的细节时，一定要特别注意促进你的员工之间的沟通，尤其是你的工程师和律师之间的沟通。请记住，律师和工程师讲不同的语言，当发明人试图将其发明传达给律师时，很容易陷入沟通不清或不充分，甚至误解。往往就是在这种情况下，公司会最终错过其发明的许多重要但技术方案不太具体的方面，从而失去了加强其专利组合的绝好机会。

良好的专利战略的最后一个目标是减少公司遭到专利侵权诉讼的概率。虽然我们生活在一个好打官司的社会，但是良好的专利组合可通过显示公司实力来阻遏诉讼。如果你的公司拥有对于竞争对手具有战略意义的专利，那么你会发现许多竞争对手（即使不是绝大多数竞争对手）更愿意签订可以为你带来收入的许可协议，而不是被迫接受他们不大可能胜诉的诉讼。

尽管良好的专利战略可以最大限度地提高公司利用其知识财产的能力，但是读者应当认识到，没有任何专利战略可以确保专利所有人能够真正地实施发明。实施你的专利技术总是有可能会侵犯到其他组织拥有的专利——当你实行"特定问题申请"时这种可能性有望会被最小化。即便如此，良好的专利战略可以让你的公司构建强大的专利组合，从而使你在与竞争对手进行专利交换协议谈判时具有有效的谈判权利。

另一种可能发生的情况是政府和/或行业法规阻止公司实施其发明。例如，最近的法规要求灯泡要具有一定的最低能量效率。对白炽灯泡技术的任何可想象的改进达到或超过指定的效率标准都是不太可能的。即使一家公司发明了改进的白炽灯，该公司也未必能够实施该发明并销售这种灯泡。同样，聚焦于这些改进的专利也可能没有多大价值，因为其他公司或许不会使用该技术。

必须强调的是，没有充分识别使能技术并就使能技术提交专利申请的专利战略都是不完整的专利战略；所谓使能技术就是为了实施发明或者使发明商业化而实际用到的技术。辨别有价值的科学论文是相对容易的。与那些报道较多常规计算或数据的论文相比，有价值的科学论文是那些提出重大进步的论文。科学界授予发表具有重大影响论文的科学家适当的奖项，例如诺贝尔奖或其他奖。

专利的情况并非如此。正如宝丽来－柯达专利侵权诉讼案所证实的那样，当另一家公司需要专利技术时，该专利才是有价值的。尽管专利是根据美国宪法为了鼓励技术进步而确立的，但是，使得专利具有价值的是对于特定权利要求所限定的技术的最终需要，而不是更高深、也许是理想主义的技术进步。

六、对权利要求、侵权和主张（Assertion）的简单介绍

寻求专利侵权赔偿的过程称为主张。制定适当的专利战略时应当具有这样的思想：提交申请就是要阻止其他公司对颁发的专利进行主张。这并不意味着每一项专利都必须是有利于主张的（assertion-friendly），但是大多数专利应当是有利于主张的。这实际上意味着什么呢？

应当回答的第一个问题是有多少其他公司对实施该技术有兴趣。当然，也有这样的情况：技术进步极具革命性，以至于当前不存在任何竞争对手。然而，最终如果该产品的市场是足够赚钱的，竞争对手就会出现。然而，更多的时候是，大小公司都会展开竞争。如果竞争对手在可预见的未来不太可能实施发明，则提交专利申请及获得、维护专利就可能是浪费金钱，它仅仅起到教导他人的作用。但是，即使在这种情况下，获得专利也会是有价值的，因为专利的获得向公众展现了公司的创新能力。这是否足以成为追求专利覆盖的理由？如果是的话，应当实施何种程度的专利战略？该决定最好由你来做出。

另一个更重要的问题是侵权是否是可以发觉的。这意味着你，即受让人，负责执行（enforce）你的专利。没有其他方即没有政府机构、公司、国际机构或其他任何人会执行（enforce）专利。受让人必须承担该任务。为此，必须能够识别出侵权人，并证明你的专利正遭到侵犯。

作为例子，让我们考虑一下所提出的关于将橡皮擦连接到铅笔上的方法的第二项发明。具体来说，该权利要求在文字上限定："通过将橡皮铅笔擦或干墨擦的直径压缩到小于铅笔直径并在橡皮擦处于压缩状态时围绕铅笔和橡皮铅笔擦或干墨擦包裹金属带……"该权利要求限定，在用金属带包裹橡皮铅笔擦之前，橡皮铅笔上的橡皮必须被压缩。压缩橡皮擦的行为是在工厂完成的。

很难证明压缩是发生在包裹动作之前，而不是在包裹过程之中。最好能在权利要求的描述中，达到这样的效果，即橡皮在处于被包裹状态时被认为是处于压缩状态。这样，你简单地通过去除金属带并显示橡皮擦扩展至其未压缩状态就可以证明侵权。

涉及制造过程或方法的专利侵权往往是难以证实的。相对于材料本身，证明制造新材料的化学过程侵权会比较棘手。软件专利尤其是那些涉及某种过程控制或设备运行的软件专利的侵权也难以证实。尽管难以证实被授权与否的专利可能不是专利组合的堡垒，但它们作为整体组合的一部分确实具有价值，而且不应被忽视。但是，在制定战略时，将那些易于证实侵权的专利申请置于更

优先的地位一般会更好。

在适当的专利组合中，权利要求应当充分地保护发明。让我们再看看所提出的第二项发明的措辞，其限定"……其直径小于铅笔直径……"。这似乎暗指该发明仅限于圆柱形铅笔和圆柱形橡皮擦。如果是这样的话，竞争对手简单地通过制造六边形铅笔和橡皮擦就可以避免侵犯该专利。将权利要求的措辞改为包括圆柱形和多边形的铅笔和橡皮擦，或许对铅笔和橡皮擦的周长进行限定，这会不会更好？这些是在提交申请之前需要解决的问题。

简洁也许是智慧的灵魂，但它是专利申请的精髓。一位同事指出，权利要求不应超过三根手指的宽度[1]。虽然这常常可能是一个过于苛刻的约束，并且常常有必要在权利要求中包含更多的细节以避开现有技术，但这是一个很好的指导方针。在权利要求中不要包括那些对于保护发明不是绝对必要的内容。

相反，权利要求中的内容少于让审查员实际上授予专利所必需的内容，也是不明智的，因为这可能会导致与审查员之间的大量讨论，而这些讨论将变成文件历史的一部分。应当注意的是，在主张期间，被告，即侵权嫌疑人，可以查阅专利及其办理的整个历史文件。审查员和发明人之间的所有通信和交流都是开放的。这包括所有关于各种术语实际含义的讨论，其大体上等同于对专利覆盖范围进行限制。

最好的专利申请通常是审查员阅读申请，进行现有技术检索，未发现任何与该申请直接相关的内容，授予专利而不需要进一步讨论或修改。另一方面，专利申请或多项专利申请（如果在同一天提交多个相关申请的话）必须充分限定和保护那些发明。

在进行现有技术检索和区分当前发明与现有技术时，当前发明仅与先前已知的发明不同是不够的。重要的是，现有技术不能预示当前发明并且也不能单独或与其他技术结合在一起用来得出当前发明。现有技术检索将在第 5 章中详细讨论。

强固而宽广的专利对于专利组合的效能是非常重要的。在专利巡回上诉法院（Patent Circuit Court of Appeals）成立之前，美国法院（U. S. courts）经常裁定专利无效。正如在本书第 2 章中所讨论的那样，随着专利巡回上诉法院❸的成立，这种情况发生了改变，即对授权的专利更加友好；然而，这可能再次发生改变。2011 年国会通过了一项对专利制度进行大修的法律。

作为此次大修的一部分，专利审判与上诉委员会（Patent Trial and Appeal

---

❸　正式名称为"美国联邦巡回上诉法院"（United States Court of Appeals for the Federal Circuit）或 CAFC，如在第 2 章中所述。

Board）于 2012 年成立。该委员会的目的是允许公司跳过对其是否侵犯专利权的审问并挑战专利本身的合法性。截至 2014 年 3 月 6 日，该委员会收到 1056 次挑战授权专利有效性的请求[2]。该委员会是否在未来会受到国会或专利巡回上诉法院的限制仍有待观察。目前可以说，挑战授权专利的有效性已经是并且将继续是专利侵权诉讼中的常用防卫方法。

虽然专利组合的内容是衡量其抵御能力的主要指标，但其规模是衡量其抵御能力的另一个重要指标。另一种常用的抵御侵权诉讼的方法是提起反诉，声称最初的原告侵犯了被告的专利权。这些方法不是互斥的，而是经常联合使用。无论你作为哪一方，你拥有的专利越多，法官有可能越重视你的法律要求。这方面的一个很好的例子又是宝丽来即时照相对柯达的诉讼，其中宝丽来宣称柯达侵犯了宝丽来的 11 项专利。柯达却并没有任何可以反诉宝丽来的专利，而且柯达在事实上实施了这 11 项专利中的权利要求所限定的技术。柯达的防卫只能对这些专利的有效性提出挑战——这些专利涵盖的不是基础化学而是比较简单的使能技术。尽管柯达的形势比较微妙，但柯达对这些专利的有效性提出了强烈质疑，法院裁定其中 2 项专利实际上是无效的。然而，这仍然留下了其他 9 项要对付的专利。这最终导致宝丽来比原来富余了 9 亿美元，柯达被勒令退出即时照相业务——随着关闭生产以及收回柯达先前售出的即时照相机而现在即时照相机对于购买它们的用户已毫无用处，造成了柯达公司商业收入和已发生费用的双重损失。

一般的规律是，法院可能会裁定案件中的一项或两项专利无效。如果专利审判与上诉委员会的作用在未来不受限制，专利审判与上诉委员会在裁定专利无效方面可能会更加武断也可能不会。但是，迄今为止且就作者所知，还没有法院裁定过 5 项专利无效。如果你的公司要针对竞争对手主张你公司的专利，如果你可主张 5 项或 5 项以上专利，你的成功机会就会大大提高。另外，面对多项专利而不是一两项专利，很可能会使被告公司产生停止诉讼并与你的公司进行谈判的动机。

在你的整个专利申请过程中，确保你的权利要求可以被陪审团理解是非常重要的。把自己放入如下这种场景中，你的公司发现，竞争对手一直在实施你的技术并向你的市场销售产品。结果是你的公司损失了很多钱，现在正向侵权公司寻求损害赔偿。被告公司否认有任何侵权行为，宣称其产品是其自主研发的成果，并拒绝与你的公司进行谈判。你的公司现在被迫要么放弃自己的主张要么在法庭上寻求法定赔偿（legal recourse）。你的公司必须证明被告公司实际上侵犯了你公司的专利技术，而该专利技术正如权利要求中所描述的一样。决定你公司的专利是否受到侵犯的人很可能是那些在该领域没有技术或法律专业知识的人,并希望审判尽快结束,以便他们能够回到其正常生活中。被告也就是竞争对手将会利用其技术专家和法律专家来设法使陪审团相信,他们正在做的事物与你公司专利中的权利要求所限定的不同。陪审团中的人所理解的将决定谁胜诉。作为原告,你有举证责任;由你的公司来证明侵权。你需要确保你已配备给自己必要的工具来做到这一点。

由于多种因素的结合所致,这不是一项简单的任务。首先,专利描述一种创新——一种新的事物。新颖性可能是而且常常是训练有素的科学家和工程师在难题的解决方案方面取得进步的结果。为了理解解决方案,必须先理解问题。其次,按照规定,专利是由律师拟定的法律文件,旨在为该专利的所有人提供法律保护。使非专业人士理解一种结合了高科技和法律术语的语言肯定是一项艰巨的工作。然而,如果能够实现的话,这是一项可以产生巨大利益的工作。

要确保你的发明人理解专利申请中所提出的权利要求,并确保这些权利要求能够准确反映其发明。发生诉讼时,发明人很可能被召至证人席,向陪审团解释其发明。权利要求的措辞必须与发明人所做的解释严格一致。

发明人有可能不能出庭。当然,其中的原因可能包括健康和死亡在内。其他人能解释该发明吗?甚至是,该权利要求写得如此清楚以至于非专业人士无需进一步解释就可以理解它吗?另外,语言足够清晰到能挫败你的竞争对手的代表使权利要求模糊的企图吗?如果陪审团成员目光呆滞地听有关你公司的发明的晦涩难解的证词,成功的可能性就会减小。遵循这条路线,你的公司必须准确地列出竞争对手正在实施的东西以及被侵犯的那些权利要求,以便陪审团可以清楚地看到正在被实施的是什么以及它是如何侵犯这些权利要求的。

这些是权利要求应该达到的目标。它们并非总是可以实现的。很多时候权利要求不可避免地会有点复杂,因为所描述的技术并不简单,而且法律要求用法律术语(legalese)来精确地描述发明。但是,在起草专利申请时发明人应当尝试着想象一下他们将发明解释给非专业人士的情形。

我们已经讨论了应当采取什么措施来制定专利战略,从而形成强大而有价值的专利组合。在下一章中,我们将讨论专利申请过程中的一些圈套(pitfall)。我们不仅会告诉你如何避开它们,还会告诉你如何在申请过程中利用这些圈套。

参考文献

1. J. Manico, private communication.

2. A. Jones, "Wall Street Journal" March 11, 2014, pg. B4. See also P. J. Pitts, "Wall Street Journal" June 11, 2015, pg. A13.

第 *4* 章
通过专利工程实施专利战略和申请过程

在上一章中我们讨论了构成专利战略的要素以及不实施专利战略的后果。在本章中我们将更详细地描述如何来实施该战略以及如何确定哪些专利值得申请和哪些专利不值得申请。我们也将讨论，在技术内容不能保证获得专利覆盖所花费用的合理性，但对于防止竞争对手获得可以阻止你的公司商业化自己的技术又或者削弱你的专利组合价值的情况下，仍然是很重要的话，你可以采取的其他手段。

一、专利申请的过程

为了获得专利，发明人在法律顾问的帮助下向专利局提交专利申请。美国发明人一般向美国专利商标局（USPTO）提交。如第 2、第 3 章中所讨论，专利申请书描述发明所解决的问题以及发明如何解决问题，并且必须清楚地描述发明人在为发明的哪些方面寻求排他权利。这些描述被称为"权利要求"，它们界定专利持有人将拥有的确切资产。尽管申请内容非常重要——你可以主张的内容只限于你在申请中描述或披露过的内容——而名称、摘要、背景以及除了权利要求以外的其他内容的存在只是为了通过定义所解决的问题或具体地说明问题是如何解决的来为权利要求提供必要的背景与支持。说明书可以"搭建舞台"，但是描述发明的权利要求才是真正决定专利价值的。

二、权利要求

每项权利要求都由一个限定新技术方案的技术细节的句子组成。权利要求分为两类：独立权利要求和从属权利要求，前者独立存在，后者包含与在先权利要求相关的技术细节。权利要求从 1 开始编号。独立权利要求限定发明的最小核心范围。例如，防抱死制动器专利 US3930688❶的第一项权利要求将本发明描述为：

1. 一种数字机械方法，用于增强对采用液压操作车轮制动器的制动轮式车辆的制动控制，包括如下步骤：选择性地调整施加到至少一个制动车轮的阀门的液压，以便使制动控制追踪道路扭矩和车轮速度相对于时间包络的拐点。

该权利要求是独立权利要求，因为它完整描述了特定发明的必要组成部分。在未经该专利所有人明确允许的情况下，生产以该权利要求中所列的方式"选择性地调整液压"装置的人就"侵犯"了该权利要求和含有该权利要求的专利（是该权利要求和含有该权利要求的专利侵权人）。该专利所有人可以起诉侵权人，以阻止其使用该技术，或者追回专利所有人在没有侵权的情况下或许可以赚取的收益。

该专利（根据其编号的后三位数字，称为"688 专利"）的第二项权利要求是从属权利要求。该权利要求为：

2. 权利要求 1 的方法，其中所述步骤包括一组重复步骤：响应于所述制动车轮的车轮减速度大于预选的大的第一水平，或者车轮减速度处于较小的预选的第二水平且车轮速度处于预选的由较高和较低速度水平限定的第一范围内，预选地解除对所述制动车轮施加的制动压力；以及响应于所述车轮减速度小于所述较小的第二减速度水平并且所述车轮速度至少等于第二速度水平而该第二速度水平低于所述由较高和较低速度水平限定的第一范围内，预选地在一段不超过预选的第一模式间隔的时间内恢复对所述制动车轮施加的车轮制动压力。

第二项权利要求被归为"从属"，因为它描述的使用重复步骤的方法是实施第一项权利要求中所描述的发明即"权利要求 1 的方法"的一种变化形式或选项。换言之，在没有实施第一项权利要求的情况下应用第二项权利要求是不可能的。第二项权利要求不能在没有第一项权利要求的情况下存在，因此，它是从属的。

现在到了有趣的地方。该专利的第三项权利要求为：

3. 权利要求 2 的方法，其中所述第一间隔基本上等于所述阀的响应时间的十倍。

权利要求 3 是从属于权利要求 2 的从属权利要求，而权利要求 2 本身就是从属权利要求。因此，一项从属权利要求可以从属于独立权利要求或从属权利要求，只要其从属那些独权或从权在申请书中位于该从属权利要求之前。一件

❶ 于 1976 年颁发给罗克韦尔国际公司（Rockwell International Corporation）。

申请可以有很多项独立或从属权利要求，尽管大多数申请至多有三项独立权利要求和总数至多二十项权利要求以避免 USPTO 因超过这些数目而收取费用。

从属权利要求是重要的，但是应当注意，在侵权案件中如果从属权利要求所从属的权利要求未被侵权，则该从属权利要求也没被侵权，即使看起来侵权人在实施该从属权利要求的各个方面。例如，如果某人使用了在"688 专利"的第二个权利要求中所描述的方式来解除和恢复制动压力，但没有像第二项权利要求所依赖的第一项权利要求中描述的那样"追踪拐点"，这个人就没有侵犯第二项权利要求。

归结起来，要侵犯专利的独立权利要求，侵权人必须实施该权利要求的全部内容。要侵犯从属权利要求，侵权人必须实施该从属权利要求的各个方面和该从属权利要求所从属的任何权利要求——独立或从属权利要求的各个方面。

"实施"部分权利要求通常指制造、实行、出售、使用或进口该权利要求所描述的一部分。权利要求的各个部分被称为"特征"。例如，按上述独立权利要求中给出的具体方式"调整液压"的任何人都侵犯该权利要求。如果某人正如该独立权利要求中所描述的那样调整压力，并且如第二项权利要求所描述的那样非常具体地通过"解除"和"恢复"制动压力来调整压力，他就侵犯了第一项权利要求和第二项权利要求。

如前所述，现在典型的美国授权专利会拥有至多约 20 项权利要求。另外，专利局现在将一件专利限制于单项发明。这些限制并非一直是这样。相反，当阅读较早的专利时，通常会发现 40、50 甚至更多项权利要求，通常包含今天会被认为是多项发明的内容。例如，在前些年，将方法与设备权利要求组合成一项专利是很常见的。现在这是很少被允许的，用于解决问题的设备和方法通常被视为两项截然不同的发明，因为两者当中的任何一项都可以彼此独立地实施。美国专利商标局，尽管受制于国会、美国专利巡回上诉法院（US Patent Circuit Court of Appeals）甚至美国最高法院（US Supreme Court），例如 2007 年对 KSR – Teleflex 案[1] 的裁决，还是有很大的自由裁量权的。

权利要求是专利的法律支柱，因此由完全熟悉专利法的人员例如专利从业人员（即专利律师或代理人）来撰写权利要求是非常重要的。即便如此，权利要求要仔细而完整地描述发明也是重要的，这项任务通常属于工程师、设计师或发明人的范围。将技术内容与法律内容相结合以创建强大的权利要求集合可能是一项重大挑战；专利工程师的知识可以在这些领域之间架起桥梁，因此组织与富有经验的专利工程师进行磋商，既有利，在成本上又划算。

三、现有技术和新颖性

为了获得专利，必须向那些你寻求专利保护国家的政府专利局提出申请。该专利局会考虑你的申请中的权利要求是否描述了一项发明。专利局会询问权利要求是否描述了如何解决问题。例如，没有关于文学作品或哲学的专利。然后，专利局会询问权利要求中的技术方案是否是"新的"。这意味着如果其他人在你提交申请之前曾公开过该方案，那么它就不是一项创新了。这很重要。如果某人已经以任何方式公开或公布了你所提出的发明，则该发明不再被认为是新颖的。在本书中，"公开"不仅仅意味着书籍或杂志中包含的信息，还包括公众可以得到的任何形式的信息。截至且包括你提交申请之前的那一天公众可以获得的任何内容都称为"现有技术"。现有技术可以包括会议论文、在先的专利申请或文章，以及对市场上正在销售或销售过的产品、设备或方法的描述。如果你在提交专利申请之前发表了你的发明，则现有技术也可能包括你自己的作品。现有技术甚至包括产品本身，产品一旦销售——你就不能基于你在竞争对手的产品发售之后提交的专利申请来强迫竞争对手将该产品从货架上撤下了。

正如我们在第 2 章和第 3 章中所讨论的那样，如果你在提交专利申请之前公开了你的发明，根据大多数国家的专利法，该发明被认为是"已知的"（即不是新的），不再具有专利性。无论发明发表的背景如何，情况都是如此。公开是否是故意的并不重要！在美国，在发明公开之后，你有一年的宽限期来为该发明提出专利申请。发明一被公开，这一年期限的时钟就开始滴答作响。

四、显而易见性

发明还必须不是"显而易见的"。这意味着发明对于在本领域工作的典型人员（常称为"本领域的普通技术人员"）而言必须不是明显的。大体而言，这意味着如果五年级学生通过查阅现有技术可以得出你的技术方案，那么该方案就是显而易见的，因此不是发明。即便如此，也没有规则来定义典型人员（或典型的五年级学生）应该明白什么或不明白什么。因此，什么构成了显而易见性往往是专利申请人和从业人员以及美国专利商标局的审查员之间争论的主题。

"本领域的普通技术人员"通常是指该技术的使用者。它通常不是指大半年都致力于解决问题的一组博士成员。后者是在本领域具有非凡技术的人员。其次，假定本领域的普通技术人员熟悉所有文献，特别是专利文献，不管它是否在他的特定领域内，并且是否能将不相连的部分组合在一起。如果能在不定数量的专利或其他来源的教导之间建立联系，而无论这些专利或其他来源是否与兴趣领域直接相关，则所提出的发明可能会被认为是显而易见的。例如，通过在正交方向上编织金属丝图案来生产过滤微粒的筛网或制造阻止昆虫和其他生物进入的窗纱的方法（假设这样的装置目前不存在），将会被认为是显而易见的，因为纺织品通常就是通过以相似的方式编织纱线来生产的。然而，如果发明人可以证明，他们必须在每根金属丝中越过正交金属丝的地方产生弯曲以使筛网平整，而且弯曲没有被教导并且确实与更柔性的纱线不相关，那么可以授予包括弯曲步骤的专利。

如果问题的方案可以通过简单地将已知组件组合起来而并未改变它们来获得，那么显而易见性也同样适用。例如，将一块橡皮（橡皮可以去除纸上的石墨标记，这是已知的）连接到含有能够在纸上产生标记的石墨棒的装置顶部以制造带有橡皮擦的铅笔并不构成发明。即使以前从未有人想到过这种组合，但因每种组件都是以先前已知的方式起作用，使得整个方案"显而易见"。另一方面，如果将橡皮块连接到含石墨装置上制造出了现在能够以前所未知的方式擦除墨水标记的产品，你就会获得一项发明——权利要求将会是"非显而易见的"。❷

新颖性和非显而易见性的要求是获得专利要跨越的障碍，而不是阻止你获得专利的障碍。例如，人们不能获得一般叉子或勺子的专利，因为叉子和勺子是已知的。然而，在 1976 年至 2014 年 2 月 25 日期间，有关"叉勺"（spork）的发明获得了 173 项专利。这些专利涉及各种领域的技术进步，从新型食品分配和计量设备到外科器具以及计算机化的填表方法（computerized methods of filling out forms）。所有这 173 项专利都成功地满足了新颖性和非显而易见性的要求。

五、专利从业人员

称职的专利从业者可以帮助发明人了解他们所创造的方案是否符合发明的法律定义。专利从业人员是由 USPTO 许可的代表专利申请人的任何人。从业人员擅长撰写权利要求、撰写专利申请以及管理那些由 USPTO 处理的专利申

---

❷　需要提醒读者的是，在这个假设的例子中，铅笔痕迹橡皮擦（rubber pencil-mark eraser）被连接在铅笔的顶部，产生了一种可区别于竞争对手的、带有橡皮擦的铅笔产品。由于每个组件都以通常的方式起作用，该新产品不会被授予专利。将橡皮擦连接到铅笔上后就可以擦掉干的墨水，这一假设性的、意料之外的结果会使这项技术成为一项可获得专利的发明，因为该结果不是显而易见的。

请。从业人员可以是专利律师或"专利代理人";专利代理人不是律师,但仍然可以在 USPTO 代表申请人。请注意,专利从业人员和专利诉讼师(patent litigator)是不一样的;后者只能帮助你处理因针对侵权嫌疑人主张你的专利而引起的诉讼,或者在专利所有人针对你主张他的专利的情况下帮助你辩护。USPTO 要求所有专利从业人员——律师和代理人都有技术背景。我们必须再次强调,发明人与称职的专利从业人员进行磋商是至关重要的,后者能够帮助发明人以及时且经济的方式通过法律程序。

六、专利申请的办理

提交专利申请的过程始于通常由发明人准备的技术交底书。然后,专利从业人员将会基于技术交底书和通常与发明人和主管经理进行的讨论来起草专利申请。在你申请专利之后,申请将经历所谓的"办理"。"办理"可能需要几年的时间,在此期间,USPTO(或其他专利局)的审查员将会确定权利要求是否限定了一项可授予专利的发明,以及该申请是否符合形式上的法律要求。如果审查员对两者中任何一个的回应为"否",申请人和专利从业人员就可能会试图反驳审查员的结论。在美国的"办理"往往涉及与审查员进行磋商,以确定申请人在颁发的专利中应当获得什么样的权利要求范围。

专利申请在提交给 USPTO 18 个月之后公开。此时其内容变成公开的知识,而无论最终是否被授予专利。这意味着,任何感兴趣的人,包括你的竞争对手,都可免费获得专利申请中描述的所有内容。以这种方式披露你的一些秘密是你作为专利申请人在提交专利申请时与政府达成的协议的一部分。

虽然在没有确保获得专利颁发的情况下披露你的专有知识财产可能会带来一些风险,但也有一些好处。你可以在与其他公司的谈判中将你的已公开申请作为谈判杠杆。竞争对手会认识到,你的许多已公开申请最终将成为专利。已公开的申请也会通过给予发明人一项可以显摆、吹嘘的有形作品来激励发明人。即使特定申请没有获得专利,该申请也会作为现有技术来防止他人以后对你在你的申请中所描述的相同内容提出权利要求。此外,公开的申请还可以作为现有技术来对抗竞争对手后来提交的类似技术领域的专利。具体而言,如果你的竞争对手针对你的公司主张其专利,那么即使发明并非完全相同,你也可以根据你的已公开申请中的现有技术废掉("无效掉")他的专利。

审查员可能会认为所提出的权利要求构成了一项以上的发明。如果所提出的权利要求的各个方面至少在理论上可以相互独立地实施,通常就会发生上述这种情况。美国的审查员现在往往认为,描述实现任务的方法的权利要求与描述实现该任务的设备的权利要求并非内在地相互依赖,因此并不构成单一发明。如果审查员确实认为这些权利要求代表了一项以上的发明，就会发出"限制要求"（restriction requirement），要求申请人选择出申请人希望首先办理的那些权利要求。其他权利要求可以随后在分开的申请中进行办理。这种申请被称为"分案"。另外，审查员可能会确定权利要求是新颖且非显而易见的。在这种情况下，他会发出"授权通知书"。然后专利所有人❸可以向政府缴纳"颁证费"（issue fee）并收到专利。

办理中最常发生的事情大概是，审查员会"驳回"那些显而易见或缺乏新颖性的权利要求。几乎每件专利申请都会收到至少一项驳回。如果发生这种情况，申请人可以考虑审查员提出的论点，重新撰写权利要求，或者设法使审查员相信其结论不正确。如果申请人获胜——如果在撰写权利要求时适当地谨慎、勤勉，获得成功的可能性相当高——专利局将会颁发专利。有关专利申请办理的更多细节将在第 7 章中介绍。

七、完善的专利战略的价值

最初获得专利要花钱，而后维持专利也要花钱。费用包括申请费和颁证费，以及由进行申请的实际提交和办理的律师或代理人直接收取的费用。还有间接费用，费用的多少与将发明人的时间从一般性工作转移到与申请专利有关的无数问题上有关。

如果制定并实施完善的专利战略，就可以获得大量的利益。相反，没有完善的专利战略可能会对你的公司造成严重威胁或造成收入损失。

如果你的业务赚钱，其他公司就会设法提供竞争产品，竞争产品的价格往往较低，因为他们不必弥补你的公司在开发产品时所发生的投资。你的产品进入市场后往往会被反向设计。你不仅向你的竞争对手或将会成为的竞争对手❹展现了你的产品的价值，而且还促进了其复制你的技术的能力。然后，你的竞争对手可以不受约束地提供成本较低或者功能更强的类似产品，从而为你的客户提供更好的价值定位。这两种情况都对你的业务不利。

然而，如前一章所述，使用正确设计的专利战略（例如拥有问题的战略、利用专利工程）可以避免这些缺陷。由于你的专利带来的保护，你的竞争对手至少会延迟推出具有相似功能且不侵犯你的专利的产品。由于市场窗口是短

---

❸ 专利所有人可能是发明人。但是，在很多情况下，发明人必须将所有的权利转让给其雇主，然后雇主就会变成专利所有人。受让人可以将这些权利转移给其他人，因此不直接与发明人相关的实体可能最终成为专利所有人。

❹ 竞争可能不仅来自那些现在提供你的领域的产品的公司，也可能来自新公司或那些在看到你的产品价值之后选择将其产品线扩张到你的市场的公司。

暂的，这完全有可能会阻止他做这样的尝试。另外，他不得不设计"变通方案"（workaround）来避免侵犯你的专利中的权利要求，这会增加竞争对手产品的开发成本，从而阻碍他削低你的价格的能力。其实，与其他公司一样，你的竞争对手的资源是有限的，侵犯你的专利可能会很昂贵。此外，不得不设计避免侵犯你的专利的产品可能会导致额外的费用和下等产品。这两种情况都可能令潜在的竞争对手望而却步。

如果你的公司拥有由实施精心设计的专利战略而形成的良好的专利组合，假设竞争对手不想被起诉并面临支付巨额损害赔偿金的话，那么它的选择就会有限，首先，竞争对手可能会选择实施替代设计，替代设计不使用你的权利要求限定的发明，或者以专利行话来说，不"读于（read on）你的专利"。然而，精心设计的专利战略会预先考虑到合理的替代方案，并为你的公司提供支撑以防止这种选项。其次，竞争对手可能会向专利所有人支付专利使用费，以便被允许实施发明——如果专利所有人愿意给予这种许可的话。这会让你的竞争对手更加难以在价格上进行竞争，而事实上，形成的专利许可合同可能会限制专利的使用，例如限制产品数量或其中包含的功能。第三，你的竞争对手可能会简单地放弃那些受你的专利保护的优势。这往往会导致盈利能力有限的不太理想的产品。第四，你的竞争对手可以选择开发或购买可提供类似特征的技术。例如，欧洲汽车制造商选择了后一种方式，即购买博世公司的 O_2 传感器，而不是像美国和日本制造商那样开发他们自己的技术。这有可能是一种合理的方式，尤其以欧洲较小的制造商为例，他们没有分散其资源，从而使他们集中力量开发他们认为有必要使他们的产品与竞争对手的产品有区别的技术。但是，这会让一家公司受制于另一家公司。如果公司必须从竞争对手那里购买技术，情况尤其如此。

坚实的专利组合不仅仅是为了防御目的。相反，它本身具有很大的价值。IBM、高智公司（Intellectual Ventures）和伊斯曼柯达等公司已开展了大量的许可业务，即向其他公司出售专利技术的使用权。另外，一家公司的专利组合可以允许其通过交叉许可获得目标市场或技术。大公司常常相互交换专利的使用权以获得彼此的竞争优势。

实际上，你的专利申请和专利也是产品。起诉侵权人侵犯权利要求的权利实际上是一项财产[2]！它具有价值，而且可以像你的房子或汽车一样买卖。

在可能的权利要求中，你应当选择并获得那些可为你的正当投资提供适当保护范围的权利要求。你需要专利工程——让复杂的技术和聪明的人一起来创造专利组合的价值。该价值可能存在于专利或申请本身，例如，如果你出售或许可它们。该价值也可能体现在由法院判给的损害赔偿中，或者体现在你保护的、防止侵权人使用你的专利的市场份额中。不论你如何从专利中提取价值，获得该专利的过程都需要关注细节并分析各种复杂的替代方案。就像你现在设计你的产品以增加价值一样，你也可以设计专利来增加价值。

公司多年来一直都在申请专利。然而，在 1999 年，哈佛商学院出版社出版了里维特（Rivette）和克莱恩（Kline）的著作《阁楼中的伦勃朗画作》（*Rembrandts in the Attic*）[3]。该书表明，许多公司都拥有宝贵的专利，但专利价值没有被提取出来。这种情况下专利就相当于无意中在其阁楼中拥有的宝贵的伦勃朗绘画作品。这本书引发了人们对一般知识财产尤其是专利的兴趣的增加。在随后的多年中，知识财产的价值急剧增加，这是因为公司已认识到其专利的市场价值，并设法从其知识财产中提取许可费。

大学也开始积极地为学术研究成果寻求专利。一些大学已经建立了独立的研究机构，致力于将大学做出的技术进步商业化。例如，普渡大学研究基金会（Purdue Research Foundation）拥有自 1976 年以来颁发的 820 多项美国专利。麻省理工学院拥有 4200 多项专利。芝加哥大学拥有 500 多项。伦斯勒理工学院（Rensselaer Polytechnic Institute）拥有 250 多项专利。另外，与寻求销售其产品的产业界不同，大学倾向于设法许可其知识财产。他们正在实施里维特和克莱恩所倡导的，即知识财产本身就是一种非常有价值的产品。

政府机构也参与了这一行动，主要是通过鼓励产业界与大学的合作，包括专利的产生。这些机构的目标是鼓励产业界与美国大学结成合作伙伴，以扩大产业界工程师和科学家可获得的技术专长，同时将大学研究聚焦到实际领域。在联邦层级，由国家科学基金会（NSF）管理的项目例如 GOALI❺ 接受由产业界和大学合作伙伴联合提交的研究提案，其中，政府将支付被接受提案的约一半费用，产业界支付其余的一半。在州一级也有类似的机构。例如，纽约州成立了纽约州能源研究与发展局（NYSERDA），以加强政府、产业界和大学之间的合作。纽约州还在全州的大学建立了许多高技术中心（CAT），这些中心致力于帮助产业界充分利用这些机会。

八、专利的目标和用途

最近几十年，专利的目标、价值和用途都已经发生了变化。各种类型和各种规模的组织现在都在试图获得并使用专利。大公司可能拥有藏有伦勃朗画作的阁楼，但是许多组织并不拥有。在很多情况下，伦勃朗画作的价值被价值相对较低的众多专利降低甚至抵消，因为平均而言，获得和维持这些价值较低的

---

❺ Grant Opportunities for Academic Liaison with Industry（产学合作的资助机会）。

专利的成本与获得和维持价值较高的专利的成本一样高。这种低价值专利的存在只不过是把阁楼弄得乱七八糟，欣赏伦勃朗画作即使并非不可，但也极为困难。

另一方面，小的创业公司往往拥有很少的专利，即使他们拥有非常有价值的知识财产。他们的专利通常只覆盖其核心技术。不幸的是，他们的专利保护范围可能比其管理层认为的要小得多。正如许多这样的公司痛苦地认识到，技术进步非常迅速，上个月的最先进的技术在今天可能已废弃或不受欢迎。此外，覆盖那些使能技术中相对较小技术进步的专利可能会阻碍创业公司销售那些包含其自己开发的技术的产品。即使像伊斯曼柯达这样的大公司，原来也未弄明白拥有覆盖使能技术的支持性专利的价值；柯达公司原以为其即时照相业务得到了很好的保护，因为它拥有制作即时照片的产品所用的基础化学物质的专利。

在设计专利战略时，重要的是要牢记：在提交专利申请时预测哪些申请将成为有价值的专利这件事即便并非毫无可能也是很困难的。如果没有其他人寻求实施所覆盖的发明，那么保护基础技术的专利可能没有什么价值。如果相对较小的技术改进对产品的商业化是必需的话，那么保护改进的专利可能具有极高的价值，这显然是宝丽来－柯达即时照相诉讼的情况。

另外，构思良好的专利战略的具体细节将取决于机构的性质。产生知识财产但不使用该技术对产品进行商品化的大学不必构筑堡垒来抵御其他公司提起专利侵权诉讼。在这个例子中，专利战略可以聚焦于特定的核心技术开发，而牺牲对使能技术寻求专利，因为大学旨在从许可专利而不是从生产产品中获利。另外，拥有庞大产品线的大公司必须关注专利侵权诉讼。在这种情况下，公司可能需要拥有覆盖对竞争对手生产的产品中的缺点的潜在改进或改正的专利，即使该公司本身不从事该特定业务。拥有种类如此广泛的专利可以提高许可价值，并为竞争对手提供和解侵权诉讼的动机。

如前所述，提交专利申请存在不利之处。为了换取垄断性地实施专利化的技术进步的权利，申请人已经教导了如何解决问题。此外，申请人已经引起他人关注该问题——竞争对手们可能还未认识到但可能最终会使他们突然感兴趣的一个问题。另外，一旦问题和解决该问题的一条途径被公知，其他公司的有创造力的头脑往往就会找到实现同一目标的替代路径。让我们再次回到宝丽来－柯达的例子，宝丽来拥有了保护其即时照相业务的基本化学物质专利。然而，这项技术一被公知，柯达公司就开发出了自己的、不侵犯宝丽来的专利的替代化学物质。而且，如前所述，18个月之后 USPTO 将申请公开，从而将你的发明告知全世界，而不管你最终是否获得专利。最后，更糟糕的是，你自己的公开的专利申请之一有可能构成你提交的后续申请的现有技术，使对进一步的技术进步的未来专利的获得，甚至使旨在消除审查员驳回理由的专利申请的提交都非常成问题。如果在提交专利申请之前，你设计了有效的专利战略，你的专利就会更有价值。

九、专利工程和在申请过程中拥有问题

考虑到这些问题，让我们来看看如何创建专利战略。拥有问题始于种子构思。没有技术发展存于真空中。你已拥有了强大专利组合的种子，它们就在设计和制造你的产品的人的头脑中。种子是对于问题和解决问题的方案的构思。种子不必是并且通常也不是所有细节都得到充实的完整的技术构思。种子可能是原型，但通常在原型建立之前出现。考虑拥有问题永远都不会太晚。即使产品发布后，你的员工也会对接下来的产品有新的构思。这些构思可能是种子。

一旦你发现了一个问题以及你认为你会解决该问题的方法，你就有了种子。你会发现，早期分析它对你提出的技术和专利组合的影响要比以后在产品开发周期中进行对于两者中的弱点的分析要便宜得多。而且，在你的竞争对手推出了具有竞争力的产品或获得了阻止你生产或销售你的产品的专利之后，在你的公司不得不纠正你的产品或专利组合以修正产品缺陷时，再进行分析就更加昂贵了。

跳出你当前产品之外思考也会帮助你预测竞争对手的需求和局限。对竞争对手将在你申请之后五年需要的技术申请专利是使用你的专利资金的最佳方式之一。等到专利颁发时，你可以使用专利有效地遏制你的竞争对手，使竞争对手处于不利地位。

种子还可能来自出人意料的地方——你的竞争对手的专利。请记住，这些专利不会给予你的竞争对手实施其专利发明的权利；而是给予他们阻止你实施该发明的权利。在推出产品之前进行"清查"（clearance）检索❻可以大大降低侵犯专利的风险。这不仅可减少侵犯另一家公司专利的概率，而且，如果做得恰到好处的话，可尽显尽职调查的精神，并且能够非常好地防御故意侵权的指控。清查检索主要关注的是当前有效专利的权利要求，或者有时候是未决申请的权利要求。清查检索将在第 10 章中进行详细讨论。

进行清查分析和检索的附带好处是，它清楚地向你展示竞争对手的技术。想必你的产品比竞争对手的产品有优势。你已经完全地获得了这些优势的专利

---

❻ 也称为"应用自由权"（freedom-to-use）检索或"实施自由权"（freedom-to-operate）检索。

吗？在进行清查检索之后，你就会了解竞争对手的技术和专利组合的范围。这是你的公司针对竞争对手产品的缺陷或竞争对手投资组合中的漏洞提交专利申请的理想时机。这些通常是你的竞争对手需要的专利，他们将不得不支付许可费或与你的公司达成专利交换协议❼；两者都非常有价值。

十、关键挑战

请记住，种子既包括对问题的构思，也包括对问题的解决方案的构思。你有了种子之后，应将问题和解决方案呈现给你的专利工程团队。理论上，该团队应包括能够胜任技术和专利申请的工程师，以及市场营销人员❽和法律人员。该团队确定与特定发明领域相关的"关键挑战"。然后，该团队设计、安排一系列专利申请，这些专利申请要覆盖公司为解决这些关键挑战将会采取的措施、解决这些关键挑战的每个主要选项，以及你的竞争对手为解决该问题将会不得不采取的措施。

"关键挑战"是现有产品或服务中的问题、局限或缺点。具体来说，关键挑战就是这样一些问题，它们：

- 决定成本、功能性或盈利能力；或者
- 受制于监管要求；或者
- 推动客户的购买决定或习惯。

术语"关键挑战"可以适用于现有产品的缺点或局限。在使用产品或者推动用户做出是否购买特定产品决定时，这些缺点或局限可能是造成用户沮丧的因素。另外，术语"关键挑战"也可以适用于一种察觉到的、市场对于满足用户需求的新产品的需要。

种子只是解决问题的一种构思。该问题可能是一个关键挑战也可能不是，也不一定是基础技术。种子只是一个起点。关键挑战之所以"关键"，是因为它们是将促使你企业成功的挑战。

种子可能是一种通过自动对制动器充气即我们今天所知的防抱死制动来解决在道路上打滑的问题的构思。关键挑战可能是，在易滑路况下道路对车轮的摩擦力降低到制动衬块对制动蹄的摩擦力之下。决定制动系统功能性的因素是这些摩擦力之间的关系，而防抱死制动是应对这一关键挑战的方法，但不过是

---

❼　术语"交叉许可协议"也许更常用。但是，本书倾向于使用术语"专利交换协议"，这是为了强调专利的金钱价值以及协议也可能导致支付费用或专利使用费或其他形式的对价；该术语更为宽泛，其中"交叉许可协议"是这一更宽泛术语的一个子集。

❽　通常，市场营销人员对客户需求和竞争产品的特征有互补的看法。因此，他们常常是为确定关键挑战而成立的团队中的宝贵成员。

其中的一种方法而已。

每个关键挑战都有多种可能的解决方案。例如，不间断音乐收听的关键挑战也可以通过经由网络或 AM/FM 收音机向用户流式传输音乐的系统来解决。不间断音乐收听问题的另一种解决方案是现在已不存在的 Sony Hi－MD MiniDisc 格式，它可以在单个磁盘上存储大约 8 个小时的高质量音频[4]。拥有问题是尽可能地将你的竞争对手封锁在解决关键挑战的任何方法之外。

同样的种子可能会导致多个关键挑战。就在一张磁盘上播放多张专辑的种子而言，另一个关键挑战可能是用户想要以不同于艺术家聚集其歌曲以制作专辑的顺序来听音乐。媒体播放器上的"随机播放功能"是处理这一关键挑战的方法，但不过是其中的一种方法而已。能够手动移动播放列表中的文件则是另一种方法。

在确定了种子带来的关键挑战之后，专利工程团队还要在基本层面确定是否值得提交解决这些关键挑战的某些或全部方面的专利申请。这是因为，为了提交专利申请，你一般需要比种子提供更多的技术细节。可以将一些种子构思扩展以解决关键挑战，但这样做仍然有可能不值得所花费的时间或金钱。如果团队认为所获得的技术专利的价值会低于获得这些专利的成本，那么为该技术来准备专利申请可能是不值得的。

专利工程团队关于是否准备专利申请的最初决定只是一个初步决定。这个决定可能随着项目的进展而改变。如果你的竞争对手发布了与你的技术相关的产品，你就很可能要提交专利申请。或者，当你开发种子时，如果最终结果会太过昂贵，你就不大可能提交专利申请。为了处于做出这些决定的最佳位置，在制定专利战略时要保持开放的心态，并保持对竞争对手和客户需求的关注。

识别种子构思带来的或者其中隐含的或潜在的关键挑战是至关重要的。种子中的特定方案可能与你的竞争对手无关。然而，如果竞争对手要在与种子构思相关的市场中取得成功，他们就必须处理这些关键挑战。因此，即使你的特定技术方案并不与竞争对手相关，你的与关键挑战相关的专利也可能会与竞争对手相关。在寻找关键挑战时，问问自己，在不使用你的设计的情况下以其他哪些方法可以实现类似的功能。你的竞争对手将会找到这些其他方法，除非你已发现并保护了这些关键挑战。

请记住，你的公司要尽可能地拥有每个关键挑战的全部，而不仅仅是该关键挑战的一个具体方案。如果不能拥有给定的关键挑战的全部，那只好退而求其次，即拥有该关键挑战的一部分，但这一部分要足以强烈地促使任何竞争对手与你的公司进行谈判并确保你的公司不会被封锁在未来技术进步之外。每辆

当代汽车中都使用 O_2 传感器来帮助减少排放、提高燃油效率。被阻止而不能使用这项技术会使汽车制造商破产。对于单个公司来说，拥有减少排放和提高燃油经济性的全部关键挑战是不可行的。但是，每家汽车制造商都必须能够获得对该技术的使用权。对于小型制造商来说，使用权可能只不过是从这些组件的生产商那里购买昂贵的组件，并决定支付其价格。对于大型制造商来说，拥有直接确保自己可以使用该技术的专利组合，在成本上要有效得多。

拥有与普遍需要和/或必要组件相关的关键挑战也可以封锁竞争对手。你只需要最终维持的一件专利的一项权利要求，就可以阻止你的竞争对手销售包括该权利要求的技术的任何东西，而不论该技术多么微小。

因此，在确定了值得追逐的关键挑战后，就需要回到对这些挑战的基本理解。如果可能的话，请回到基本原理。在撰写专利申请之前，尽可能多地了解技术方案的物理原理以及技术方案的组成部分的作用和相互联系。这会帮助你确认，你真正理解了关键挑战及其技术方案。这也会帮助你看到你尚不知道的东西，并为你在知道更多时进行未来申请留出空间。

同样，在确定了关键的挑战后，就要广泛地挖掘相关使能技术。没有充分识别并提交使能技术（即，为了商业化或实施发明而实际使用的技术）的专利战略都是不完整的。考虑相关使能技术，是因为它既涉及你已确定的关键挑战又是新构思的种子。

例如，以不同于艺术家的顺序播放专辑中歌曲的关键挑战涉及并取决于允许用户以某种方式控制播放顺序的用户界面技术。用户界面可以像打开或关闭"随机播放"模式的按钮或开关一样简单，或者可以像运行完全图形界面的平板触摸屏一样复杂。无论哪种方式，如果你不考虑用户如何与播放顺序进行交互，你就为竞争对手留下了机会。Apple iPod 并不是第一台便携式媒体播放器；然而，它是首批使用电容式触摸传感器的主要媒体播放器之一，让用户在便携式设备的外形尺寸中得到音量旋钮的熟悉感。电容式触摸轮为 iPod 界面的精致特性做出了贡献，并为其成功做出了重大贡献。此外，该触摸轮也是触摸传感器和使用这些传感器的图形界面的大量后续创新的种子。

请记住，当你检查你的关键挑战时，确定你知道如何解决竞争对手的产品的局限或问题是很有价值的。正如我们所讨论的，这些技术方案的专利可能会值很多钱，因为你的竞争对手要么需要这些方案，要么至少发现它们非常有价值。应当记住，只有当别人需要专利时，专利才有价值。

十一、时机

在确定了关键挑战之后，专利工程团队可以建议提交一系列专利申请。这样做使这些申请的杠杆作用（the leveraging of the applications）成为可能，从而节省技术人员的时间和精力，并降低法律成本。专利授予首先提出申请的人，前提是该申请公开了对特定发明的新颖、非显而易见的权利要求。现在，时间是专利申请的关键因素，专利工程团队应当在及早申请与未来获得更全面覆盖的能力之间仔细权衡。这两者之间的关系往往会对所考虑的解决方案和阐述问题的方式都造成不良的限制。

通过将特定问题法（problem-specific approach）纳入设计过程（拥有问题而不只是拥有问题的特定技术方案），公司更有可能使其知识财产多样化。在设计过程中，产品将解决的最终用户问题被完全地摆在设计人员面前。在头脑风暴和/或实验阶段中，很容易发掘各种各样的技术解决方案。然而，事后可能难以重建（所选择的或未选择的）特定供选方案与其解决的用户问题之间的关系。没有这种关系，你仍然可以提交该技术方案的专利申请，但是很难将该供选方案纳入让你真正拥有该问题的连贯专利战略。

此外，在产品开发过程中做出的决策会限制以后将考虑的供选方案。例如，在你决定你的媒体播放器产品的用户界面将包含按钮而不是触摸屏之后，所有触摸屏供选方案都将从设计人员的视野消失。此决策会影响外形尺寸、电池技术、可及性、显示分辨率和高宽比等的选择。取决于该产品的其他约束条件，该决定还会影响可以包含哪些外设、对处理器的要求或设计的其他细节。在设计期间提交专利申请会自然地考虑丢弃供选方案的影响，并将它们纳入你的战略。然而，由于事后排除了太多可能性，以至于重建该问题的连贯情景并不容易。

此外，可以理解，正是在开发过程中，可以最容易且最准确地从技术团队那里获得专利申请的所有要素，包括问题定义、部件解释，甚至设计图。

因此，以问题为中心的专利工程工作不应当脱离当前正在进行的开发项目。这些工作应当成为对设计和开发工作的补充，以帮助识别客户面临的问题，并以不拘泥于你目前制造产品的方式来描述这些问题。

此外，产品开发与专利战略之间的这种整合使支持专利申请的工作在最方便的时候完成成为可能。这是这一过程的一个关键特征，因为它是一项重要的成本控制手段，使每一块钱投资能够准备和提交更多数量的专利申请。最后，这种紧密的整合通过鼓励思考公司路线图中可能还没有的潜在问题的解决方向，来对产品开发本身产生积极影响。

十二、提交申请之后的考虑

在申请提交之后，你将有可能不得不修改或修正你的权利要求，或者证明审查员所引用的现有技术本身或与其他现有技术相结合都不会使你的发明显而易见。你的申请仅仅与现有技术或者现有技术解决的问题不同是不够的。正如本章前面所讨论的那样，必须没有现有技术（单独或与其他现有技术结合）可以用来"教导"得到本发明。

当审查员基于显而易见性做出驳回时，美国专利法允许将数量不受限制的多个在先专利结合在一起。请记住，即使引用的现有技术处在不同领域，情况也是如此。此外，你可能必须使用一项或多项从属权利要求限制最初的独立权利要求。撰写专利申请时应当考虑到这些情况。最好进行适度彻底的文献检索并且在最初申请时就证明为什么相关现有技术不能预示本发明，而不是在办理期间与审查员争辩或被迫对权利要求进行限制。这将在第 7 章中进行更详细的讨论，第 7 章涉及专利申请的办理。

贯穿本书的一个主题是及早申请和经常申请的概念。及早申请很容易理解，并且已经进行了充分的讨论。但是，为什么你还要经常申请呢？

这有以下原因。第一，技术变化也许是最明显的原因，正如用汽车 O_2 传感器的例子所讨论的那样。不断演进的技术必须受到保护，因为较早的专利会过时、变得不那么重要并因此而价值较低。第二，产品用途的实现可能会以非明显的方式发生改变。你的销售团队的反馈报告或许会说，客户需要产品中有不同的功能特征。你的工程师能够纳入并做出适当的改变吗？如果能的话，那么这些改变将会被你现有专利或专利申请覆盖吗？当先前的申请可用于获得更多的专利时，该过程被称为"延续"或"部分延续"。这些概念也将在第 7 章中进行更详细的讨论。

在撰写、提交专利申请时要考虑到专利办理以及未来的申请，这是非常重要的。这些是有点相互矛盾的要求，因为在申请中公开得越多，在办理期间越容易修改权利要求。不幸的是，超过申请绝对必要量的公开，会使未来申请的办理更困难。为了理解这些矛盾因素如何相互优化，需要了解专利申请的结构。这将在下一章中进行讨论。

参考文献

1. KSR vs. Teleflex 550 U. S. 398（2007）.

2. 35 USC 261.

3. K. G. Rivette and D. Kline, *Rembrandts in the Attic*, Harvard Business School Press, Boston（2000）.

4. http：//en. wikipedia. org/wiki/Hi－MD，retrieved 2014/12/21.

第 **5** 章
专利的结构

不只是大格局层面的战略失败会降低专利的价值，法律方面的技术细节也能使你的权利要求对于竞争对手而言毫无价值。未经周密规划和精心撰写的专利可能不会给予专利所有人任何有效程度的知识财产保护。

制定专利战略时，考虑专利的结构是非常重要的。一件措辞不良的申请会阻止或妨碍专利组合中其他专利申请的授权，或者损害最终得到授权的其他专利的质量。请记住，对于一项发明只能提出一次权利要求。必须周密设计包括全部所设想申请的独立权利要求和从属权利要求的权利要求树，以确保技术得到充分且适当的保护。

专利申请撰写过程中看起来微不足道的错误可能会降低甚至彻底毁灭专利的价值，因此撰写专利申请是一项应由内行即合格并持有执照的专利从业人员来完成的工作。将这项工作交给无资格的人是一种花费多、风险高、产出低的赌博。运气好的话，写得不好的专利在法庭上会缺乏实力；运气不好的话，它根本就不会得到签发。提交一份不成功的专利申请的花费与提交一份最终获得专利授权的申请的花费一样多，并且将你的技术呈送给包括竞争对手在内的公众，并逐字地教导他们如何实施你的技术，而你的知识财产并没有得到保护。

在专利申请的办理过程中也必须小心谨慎，因为你向审查员呈交的所有说明和解释都会成为任何最终得到授权的专利的永久记录的一部分。被专利权人"主张"专利（即，起诉专利侵权）的任何人都可以获得这些说明和解释；如果被告指出，受让人现在所陈述的其发明的含义与在给予专利时其向审查员所陈述的不同，这些说明和解释就可以提供极好的辩护。

雇用有能力的专利从业人员可以减小因最初申请中的细微错误而导致专利价值损失的概率。另外，你在一件申请的办理过程中所做的说明可能会损害你的其他申请，更糟糕的是，会被用于限制你拥有的已签发专利，甚至被用于这些专利的无效宣告审判中。

一、专利从业人员

如果专利从业人员是应当撰写和办理专利申请的人，那发明人和受让人为什么需要了解专利的结构呢？一名专利从业人员可能会提交属于许多不同领域的专利申请。要求每名专利从业人员都是发明人要获得专利之技术的专家是不可能的。在撰写过程中，专利从业人员往往要依靠发明人和受让人的专业知识和见解。因此，专利申请的质量取决于发明人给予专利从业人员的信息的质量。

为了确保专利从业人员能够获得质量好的信息，发明人和受让人必须熟悉专利从业人员将会需要的各种细节。在发明人和受让人不是同一个人的情况下，发明人了解他们提供的信息所带来的好处并被激励提供信息是特别重要的。各方都必须熟悉其公司的专利战略，以便申请中所陈述的信息能在获得专利所需要的信息与可以保留的信息之间达到平衡，以确保未来就相关技术提交专利申请的能力不受损害。

最后，发明人必须声明，他们确信他们是所要求保护的发明的原始发明人，否则愿接受伪证罪的惩罚。为了问心无愧地做出这一声明，发明人必须充分了解专利的结构，以便能够读懂他们自己的专利申请。最重要的是，技术团队成员或专利工程师❶有责任确保所提交的特定申请能够正确地融入总体专利战略和所预期的专利组合，从而使技术得到充分保护。一般来说，专利从业人员既不具备商业技能也不具备技术技能，不能确定各部分是如何结合到一起的。如果你的公司是依靠外部的法律顾问而不是公司内部的专利律师或代理人，情况尤其如此。

二、专利工程

成功的专利工程涉及对相关技术的总览，例如确定提交哪件申请，要认真细致地关注具体细节，例如在办理期间不做出有可能造成损害的陈述。构建专利组合的第一步是确定关键问题和它们的解决方案。

正如在第 4 章中所讨论的，关键问题，也称为关键挑战，是那些驱动客户购买决定或习惯的问题。它们要么是为了满足消费者的需求即解决消费者的问题，要么是法规要求，以便你提供你的产品用于销售。这两种情况最终都会影

---

❶ 专利工程师的职责将会在第 11 章中进行详细讨论。在当前的讨论中，专利工程师应当同时具备所述技术领域和专利两方面的知识。

响盈利能力。苹果计算机是前者的实例，因为其允许普通消费者可以在自己的家中或办公室中使用计算机来完成诸如文字处理的任务，这种方式比以前靠打字员完成的方式容易得多。汽车的 O_2 传感器是后者的实例，如果其产品上没有控制排放和增加里程的手段，汽车生产商不会被允许销售其产品。

单一专利很少能够为知识财产提供充分的保护。考虑到最先申请的重要性，任何时候都要权衡公开的内容、公开发明的数量，并保持未来申请的可选性，这对于制定和实施有效的专利战略是至关重要的。另外，必须公开充分，以便必要时可以对权利要求进行修改，例如在办理过程中按要求对权利要求进行修改；但公开的程度不能危及未来的专利申请。专利战略化是一项复杂的活动。正如在本书的先前章节中所讨论的，仅仅就关键问题提交专利申请是不够的，而应当将这些关键挑战作为构建全包性高价值专利组合的关注焦点。

其次，某些新技术，尽管它们不是基础性或根本性的，但对于实施关键问题的方案可能是必不可少的。尽管许多已签发的 O_2 传感器专利是覆盖 O_2 传感器装置本身的，但更多的专利是围绕如何使用 O_2 传感器装置。如果针对关键问题的解决方案不能被实施，它的价值就非常小。并且，在大多数情况下，你的竞争对手会开发解决相同关键问题的替代方案，从而不再需要你公司已获得专利的使能技术。你控制你的技术权利许可的能力可以让你控制市场并增加你的收益。

最后，了解你的竞争对手是如何解决关键问题的这一点非常重要。他们或许具有另一条途径，该途径或许具有你的技术所不具备的好处和局限。在这些地方获得专利会是非常有价值的，因为你的竞争对手需要这些专利所覆盖的技术方案。获得这些专利是一种从许可或交叉许可协议中产生收益的良好途径，交叉许可使你的公司可以使用竞争对手的技术。

小结一下，到目前为止，我们已经学到的是，从操作层面来讲，专利是对解决技术问题的技术方案的描述。技术方案必须是新的，尽管不必是独一无二的。在一定程度上解决问题的其他变通方法、设备或材料也是可以得到专利的，只要它们在先前没有被公开并且不能被简单地通过组合任意数量的资料源中的教导来得到，所述资料源包括但不限于已颁布的专利、公开的专利申请、一般技术文献、公众可以得到的或为公众所知的产品，等等。

不应当将专利与其他任何形式的技术出版物相混淆，后者包括但不限于科学或技术论文以及服务/指导手册。尽管在各自的技术内容方面有很大的重叠，但是它们的用途是截然不同的，目的和读者也是不同的。其他类型出版物的目的是以教导的方式向目标读者介绍信息。专利的目的是确立知识财产的私有地位，该地位可以阻止竞争对手在未经同意的情况下实施专利方案。作为获得私有地位的交换，专利申请人必须教导如何实施所提出的发明。专利是为纯粹的法律读者而写的，旨在能够向专利审查员、最高法院法官以及陪审员这样各种不同的人解释其内容。我们不应忘记这一目的。

问题和方案在专利中都发挥作用。尽管多个问题可以由单项创新性方案来解决，但是每件专利只容许一项发明。如果审查员认为一件申请包含了多项可以被相互独立地实施的发明，审查员一般会具体说明哪些权利要求与所提出的哪项发明相关，并要求发明人决定希望先进行哪一组权利要求的审查。其他权利要求可以随后在分案申请中进行办理，关于这方面的讨论见第4章。考虑到这些因素的同时，让我们把注意力转到本章的核心，即专利的结构和必要组成部分。

三、专利结构

专利的基本组成部分是在美国提交专利申请正式文件时所要求的。在其他国家提交专利申请的要求和程序将在第9章中讨论。在美国，专利通常包括：

a. 简短的标题——很少是描述性的。

b. 摘要。摘要是对发明领域以及所解决问题的简要描述。

c. 示出所要求的发明的附图（例如图、图表、线条图或照片）。

d. 现有技术的讨论和要解决的问题。

这一部分被称为"发明背景"。

e. 对发明的简要描述。这一部分常常是对第一项权利要求的重述。

f. 对发明的详细描述。这一部分包括足够的信息以便让懂行人士能够按照给出的描述来制造和使用发明。

g. 权利要求。权利要求对发明进行界定，并包括一些条款，借由这些条款，专利给予你公司排除他人实施该发明的权利。

专利申请中往往还有另外的两个部分。第一个是"发明领域"，它描述与发明相关的技术所属的大致领域，并帮助USPTO将该申请派送给合适的部门。第二个是"对附图的简要说明"，它有助于读者（审查员或其他对该专利有兴趣的人）理解发明。

四、权利要求表示什么意思

虽然权利要求是专利申请的最后一部分，但是却是最重要的，因为它们界定了专利所有人的知识财产。因此，应当首先撰写申请的权利要求部分，然后再撰写其他所有的支持性部分。权利要求必须记录整个发明，这意味着另一个人应该能够通过精确地遵循权利要求的每一个步骤来实施本发明。

初读权利要求时往往会感到很晦涩。为了在涉及你的专利的未来法律诉讼中获得积极结果打下基础，从一开始就应当有目的地使你的权利要求可以被非专业受众所理解。这不是一项无足轻重的工作。

让我们试着撰写一项描写如何煮蛋的权利要求作为练习。为了增加挑战性，每一个要素都必须在它与另一个要素结合使用之前引入，并且在每一步都必须考虑到物理规律（水不能溢出锅外；煮蛋，必须有足够多的水）。所形成的权利要求 1 可能如下所示：

1. 一种煮蛋方法，该方法包括：

a. 将所述蛋放入容器中，其中：

i. 所述蛋具有小直径和大直径；

ii. 所述容器的高度至少是所述蛋的小直径的两倍，所述容器的直径至少是所述蛋的大直径的两倍，并且所述容器被构造成可承受加热至100℃以上的温度；

b. 向容纳所述蛋的容器中添加选定体积的水，其中所述选定体积的水填充容纳所述蛋的容器到至少是所述蛋的小直径的深度，并且至多是所述容器高度的75%；

c. 以选定的第一功率对容纳所述蛋和所述选定体积的水的容器加热，直到所述容器中的水达到沸腾；

d. 随后，以选定的第二功率对容纳所述蛋和所述选定体积的水的容器加热，使得所述容器中的水在煨煮状态下保持选定的时间段，使蛋凝固，其中所述选定的第二功率小于所述第二功率。

换言之，权利要求试图清楚明确地定义实施发明所必需的步骤。❷ 为了给专利从业人员提供其构建强有力权利要求所需的详细程度，发明人应当充分了解权利要求的结构，以便预先知道专利从业人员将会需要什么信息。发明人还必须能够以 USPTO 要求的方式把要求保护的发明传达给专利从业人员。专利从业人员将确保遵循正确的程序。

相反，对于实施发明的任何非必要内容都不应包含在权利要求中，因为这样的内容所起的作用只是对专利的有效范围进行了不必要的限制。例如，让我们再次考虑一下描述煮蛋方法的权利要求。在该独立权利要求中添加"用勺子将蛋从水中取出"的步骤"e"，将会是有害而不利的。这样的术语对于生产煮熟的蛋不是必需的。而且，它极大地限制了该权利要求的范围，使得简单地将水从锅中倒出去的人就不会侵犯该权利要求。

---

❷ 提醒读者，专利可以覆盖设备、材料或方法。

如果申请基于现有技术被驳回，则常常可以通过改写独立权利要求以包括从属权利要求来克服现有技术。例如，在煮蛋的例子中，如果审查员发现了一件描述按照权利要求 1 限定的方法加工纪念品蛇蛋的专利，该驳回有可能通过权利要求 1 与限定鸡蛋的从属权利要求 2 的结合来克服。当然，只有在蛇蛋专利公开的权利要求没有说明其加工方法可用于鸡蛋的情况下，这才会有效。蛇蛋发明人在制作纪念品，而鸡蛋发明人在做早餐，这并不重要。需要提醒读者的是，专利所有人享有排除他人实施专利技术的完全权利，即使专利所有人所设想的应用与另一应用显著不同。

五、增强你的专利组合的机会

起草了专利申请的权利要求后，就应该询问在相关工作领域还有哪些其他专利申请是可以设想的。要做到这一点的最简单方法是让负责协调申请提交的人❸与在项目中工作的团队成员会面，借此机会来确定还有哪些其他发明可以提出专利申请，而且尚未被披露。这也是一个很好的时机来检视一下团队正在做什么，在不久的将来有哪些东西可能产生新的可专利机会。很多时候，发明人没有意识到他们拥有可专利的材料；拥有技术和法律领域知识的专利工程师可以引导和发明人的谈话，使得发明人能够更准确地确定他们的可专利材料。协调人或专利工程师帮助团队实施其公司的专利战略，并确保申请是及时的，并且没有不当地损害将来发明的申请。这是一项富有挑战性的工作，这就是为什么在这个时候让富有专业技能的专利工程师与技术团队一起工作可以成为一种提高专利组合价值的具有成本效益的方法。

接下来，应当为那些已准备好提交专利申请的其他发明撰写权利要求，因为这能够就目前正在考虑的申请中可以公开的内容给予发明人以指导。如果可能的话，还应当尝试起草那些尚未准备好申请专利的活动的权利要求，因为这样可以制定一个超越当前即将提交的专利申请范围的整体专利战略。虽然这也许看起来有些奇怪，但重要的是在提交专利申请时应当了解并认识到，接着还会有未来的申请，当前的申请不应过早地公开不久就将寻求专利的技术。应该注意的是，正如一件专利只限于一项发明一样，一项发明只能在一件专利中提出权利要求。

---

❸ 做协调工作的人应当具有研究项目的技术知识，了解竞争对手正在做什么，并且了解专利法。专利工程师是理想的协调人。

六、现有技术检索

起草了权利要求后，在你实际提交申请之前，进行现有技术检索是非常有益的。仔细的检索使你能够预料专利审查员对你的申请的一些（即便不是很多）驳回意见。这在这一阶段非常重要，因为根据检索结果，可能需要重新起草或甚至放弃这些权利要求。检索结果也可能会表明，不值得提交所筹划的申请，因为所提出发明的最有价值的部分和剩余的部分不足以保证申请与维护费用的合理性。

需要注意，在进行现有技术或专利性检索时，任何出版内容都很重要，包括那些不是权利要求的内容。当前所提出的发明还未被任何人提出权利要求是不够的；重要的问题是所提出的发明是否已经向公众描述。因此，对专利或专利申请的检索不应限于它们的权利要求，因为任何公开（disclosure）❹ 都可能会妨碍获得专利的能力。

最后，检索结果将会有助于发明人改进公司的专利申请以及战略，这是通过帮助发明人限定他们已经解决的更大问题并描述为什么以前的所有技术（现有技术）都不能解决所述问题来实现的。如果要成功办理专利申请，这是至关重要的。

尽管检索起初似乎令人望而生畏，但互联网使得检索比前些年更容易且更便利。检索可以通过美国专利商标局进行。另外，还有许多私营搜索引擎可以使用。有些需要购买账号，而另一些则是免费的。虽然控制成本是非常重要的，但你必须考虑到许多免费搜索引擎会在市场上销售其检索结果，这意味着你的竞争对手有可能会知道你在准备提交专利申请之前正在检索的技术领域。如果你最终还要使用免费的搜索引擎，那最好使用私人计算机，而不是那些容易被追踪到你公司的计算机。虽然专用的专利搜索引擎和/或服务机构通常会对检索结果保密，但在付款前你总应当对保密事宜进行确认。

虽然检索可以以多种方式开始，但技术团队已知的相关专利可能是一个很好的起点。在专利搜索引擎中输入关键词通常是有效的。对竞争对手按受让人进行检索或者对其他公司的已知发明人进行检索也是有效的。有些软件允许输入整个权利要求草案，然后可以通过输入关键词对所获得的结果进行进一步的过滤。如果检索有效的话，搜索引擎会找到那些你已经知道的专利——以这种方式使用搜索引擎一般是值得的。如果以上情况都没有发生，可能有必要改变

---

❹ 术语"公开"适用于允许某人实施你的发明的信息披露。公开可以以现有技术的形式存在，现有技术可以组合起来以使某人得出本发明。发明的公开也存在于你的专利申请中所提供的信息。

检索模式。例如，一家公司使用的关键词与另一家公司使用的关键词可能非常不同。用不匹配的词进行关键词检索不会产生结果。在检索中找到了专利或其他文献之后，常常可以将该检索扩展以包含引文。你找到的文件通常会引用其他较早的文献。一些搜索引擎会显示那些引用了你的检索结果中的文献的专利或其他文献。

即使做了彻底的检索也不可能保证审查员找不到他认为相关的现有技术。然而，彻底检索可以消除在办理过程中或许会出现的大部分相关现有技术，从而通过最大限度地减少法律人员需要花费在答复审查员的审查意见（所谓的"审查意见通知书"）上的时间来降低成本。彻底检索还通过帮助发明人调整其专利申请尤其是权利要求来提高成本效率，从而允许获得更强大、更具可执行性的专利产品。

与发明人的技术方案同样重要的是，发明人要清楚地对解决的问题进行限定，以便他们可以将此理解传递给专利从业人员。虽然你在申请中讨论问题的程度一般是由专利从业人员来决定的，但是总是会包括一些讨论，因为权利要求描述的是针对技术问题的技术方案。因此，如果问题没有被清楚地描述，那就很难获得专利。此外，对问题的清楚陈述非常有助于将专利审查员的注意力集中在正在讨论的问题上。如果不这样做，审查员很可能会引用与问题不直接相关的现有技术，从而使专利申请的办理复杂化。

考虑到这一点，在起草了权利要求并完成了现有技术检索之后，应该撰写发明的背景部分。本部分应包括对现有技术以及本发明解决的问题的讨论。本部分中包括的内容应当解释为什么现有技术本身或与其他现有技术相结合都不能给出这个你正在申请专利的技术方案，从而不能解决你正在解决的问题。

尽管一件专利仅限于一项发明，即，权利要求必须描述一个且只有一个解决方案，但对于要求保护的方案所解决的问题数量并没有限制。因此，如果已知技术存在多种可以被权利要求解决的缺陷，则或许值得在本申请的背景部分或详细描述部分对这些缺陷进行描述。如果本申请的大部分内容是用于正在提交的一系列专利申请，特别是如果同时提交的话，情况尤其如此。

七、专利的背景部分

专利申请的背景部分通常是描述现有技术的地方。背景（请咨询你的专利从业人员）应当描述发明所解决的一个或多个问题，以及现有技术如何设法解决所述问题乃至如何造成所述问题。

在讨论现有技术中的技术缺点时，应当注意一些问题。具体来说，如果你的公司致力于该领域已经有一段时间了，那么你的公司或许拥有专利组合。尽管可以详细地讨论竞争对手的专利缺陷，但你应当始终避免讨论你自己的专利组合的局限性。

此外，请务必牢记，不管你最终是否得到颁发的专利，申请中所提供的信息都被公开，并且可供竞争对手用于他们所选择的任何目的——无论是竞争对手办理他们自己的申请案，针对你公司发起的主张进行辩护，还是在针对你公司的专利侵权诉讼中使用这些信息。

最后，背景部分的目标是充分详细并清晰地阐明所解决的问题，使人明显觉得所提出的发明实际上是新颖且非显而易见的。对问题清晰易懂的陈述非常有助于在开始办理专利申请时就确立专利性。

让我们回到煮蛋专利申请的例子。假设你的专利检索已经完成，并且你已经找到荷包蛋、炒蛋和煎蛋的专利，但是没有找到关于煮蛋的任何专利。在你的申请中，你讨论了意料之外的结果，即，蛋可以在其壳中煮熟并保持其形状。特别是，你在申请中论述到，蛋的天性是容纳流体，因此相对来说是不可渗透的；当生蛋内的流体被加热时，蛋内的蒸气压会升高；在蛋壳没有因蛋内蒸气压升高而破裂的情况下，蛋实际上是可以被煮熟的，这是非显而易见的。现在以似乎明显不同于你所发现的现有技术的方式对问题进行了限定。然而，对于仅仅描述要执行的步骤但既不涉及形状也不涉及蛋壳的权利要求来说，可能不会从中受益。这将是我们的下一个主题。

八、对包括附图的发明的详细描述

应当撰写的下一部分是"对发明的详细描述"。这是最难撰写的部分，因为对于公开什么与不公开什么需要进行仔细平衡。

首先，"对发明的详细描述"必须包含"本领域技术"人员制造、使用本发明所需的全部信息。换言之，必须向适合的受众描述权利要求中的任何内容。这适用于所有权利要求——独立权利要求和从属权利要求。所述适合的受众具有本领域的基础知识。在我们给出的煮蛋例子中，没有必要解释炉子是什么样的或者是如何将天然气从页岩气田输送到炉子的。然而，该例中的现有技术没有描述将整个蛋浸入液体中，因此需要描述：锅足够大以容纳水和蛋。水的量、加热程度以及权利要求中的其他任何特征都必须在说明书中详细地描述。还必须对蛋本身进行描述，因为蛋的物理性质使得蛋从液态转变成固态、蛋的形状得以保留并且蛋壳未被破坏，这些结果在我们的假设例子中是意想不到的，从而具有新颖性。此外，如果在从属权利要求中限定蛋的种类的话，则必须对蛋的种类进行描述。假设从属权利要求限定蛋可以是鸡蛋，这也必须在详细描述中对此进行描述。

务必注意，尽管在申请的办理期间可以对权利要求进行修改，但是其余的公开内容（即，专利申请中包含的信息）在大多情况下不能修改。假设审查员驳回了蛋申请，因为基于"当荷包蛋与犹太丸子汤（matzoh ball soup）的组合"，该申请是显而易见的。在审查通知中，审查员继续解释说，将蛋放在沸水中使蛋固化是已知的，因为这正是做荷包蛋所发生的情况。审查员进一步指出，虽然荷包蛋现有技术没有公开大直径或小直径，但是犹太丸子参考文献描述了类似球形的、含蛋的犹太丸子，其含有蛋并且是类似球形的——因此具有前述示例性权利要求 1 中引用的大直径和小直径。

你或许要通过修改权利要求 1 来做出答复，让权利要求 1 包括带着蛋壳煮蛋的内容，而带壳煮蛋是犹太丸子和荷包蛋所没有的情况。但是，当且仅当在公开说明书中出现沸水锅中的蛋是被包含在其壳中这样的明确信息时，才允许对权利要求做相应的修改。

因此，公开说明书中也必须包含对蛋的描述，蛋至少包括壳、壳与生蛋的液体部分之间的膜、蛋黄和蛋清。同样，该申请的目的是让某人在阅读该专利后能够实施该发明。

不要臆断一切都是"明显的"。与实施发明有关的每一方面都必须给以描述。这个示例只是用于说明所需的细节。第 7 章将更详细地讨论专利申请的办理，包括审查通知书和对审查通知书的答复。现在，让我们继续讨论在正确撰写的公开说明书中应当包括什么和不应当包括什么。

应当注意，在撰写专利公开说明书时，撰写人可以定义所用的术语。也就是说，这些术语应当以明确的而不是非必要的限定方式来定义。例如，人们可以将"蛋"定义为基本上不含外部引入材料的天然蛋，而将"外部引入材料"定义为野生同类动物在蛋的组成中通常不会包括的任何材料。例如，这可以防止审查员将犹太丸子结合到他的驳回通知中，因为添加到蛋中以制作犹太丸子的无酵饼粉、油、盐和胡椒肯定会属于"外部引入材料"的范畴。

然而，这本身并不明确，因为喂给农场饲养的禽类的抗生素会出现在它们的蛋中。这是否意味着你只要通过使用含有抗生素的蛋就可以避免侵犯专利？同样，铝锅可以将铝离子引入沸水中，这是大家知道的；然后这些铝离子被浸到在铝锅中制备的食物中。在铝锅中煮的、现在含有铝离子的蛋仍被视为"基本上不含外部引入的材料"吗？将食盐加到水中怎么样？这会避免专利侵权吗？虽然这样的术语可以用来避免意想不到的相关技术，但也会减少专利权利要求可以适用的情况，从而降低专利的最终价值。

另外，上述示例性的方法权利要求仅覆盖了明确有效的煮蛋方法。为了获得全面的专利组合，你的公司会发现对容纳蛋的具体容器、用于该容器的蛋支架、容器盖、煮蛋计时器或其他可能在煮蛋过程中有用的设备提交专利申请是有益的。这些工作可以经济高效地来完成，因为这些供选方案都可以描述在同一个详细描述中，而该描述可以被纳入所提交的每个专利申请中，从而为你节省重写共同部分的成本。

到目前为止，该专利的公开说明书包括了所有蛋——这本身就带来困难。范围足以覆盖蜥蜴蛋和禽蛋的权利要求会因单独描述这两种蛋之一的现有技术而被驳回。爬行动物蛋的壳是坚韧的而不是坚硬的，当放在表面上时会变形，这可能会给小直径的清晰确定带来困难。因此，你可能最好将申请限制在禽蛋，将爬行动物的蛋和鱼的蛋（卵）排除在外。即使必须将该申请限制在禽蛋，详细描述部分仍应当包含足够的信息以涵盖竞争对手的全部可预见选项——即使是那些你选择排除的蜥蜴蛋。

公开说明书还可以讨论实施本发明的具体方式。其中一种具体实施方式会要求蛋具有坚硬的而非坚韧的壳。另一个例子可以是，蛋是禽类的蛋，例如鸡蛋、鹌鹑蛋、鸭蛋或鹅蛋。这提供了充分的公开，使你能够将关于这些特征的从属权利要求包括其中。

在申请中描述多个选项的好处是，在办理期间如果审查员驳回了涉及蜥蜴蛋的权利要求，你可以选择将你的权利要求只限制于禽蛋。无论你做出何种选择，所有必要的细节都应在详细描述部分中说明。你获得的专利，其保护范围可能不会像最初期望的那样广泛，但它应当保护你的大部分商业利益。

适用于蛋的考虑同样也可能适用于你的技术方案的其他组成部分。例如，煮时，炉子和/或锅不是唯一的可行选项。煮蛋需要容纳水的容器和热源。容器必须能够容纳水和蛋并且能够承受加热。你的竞争对手可能会使用木碗和浸没式加热器！

但是，在考虑各种选项时，重要的是要确定它们的缺点。虽然浸没式加热器确实存在，并且有可能会适合在木碗中使用，但以这种方式煮蛋不但比较困难而且效率较低。旨在涵盖所有选项的详细描述部分也可以描述使用替代热源，比如，电阻加热器、电感加热器或火焰，也可以涵盖容器材料。

你的客户可能更喜欢不会将有毒物质渗到水中的容器，从而排除铅锅的使用。普通玻璃暴露于高温时可能会破碎，但是钢化玻璃例如派热克斯（Pyrex）可能是适合的。陶瓷锅也许是适合的，但是，使用起来或许不如金属锅方便。在申请的详细描述部分可以将它们描述成"实施本发明的较不优选的方法"。同样，使用铝锅也可以被描述为不像钢锅那么理想，因为溶解在水中的铝离子可浸入蛋中，从而产生令人不快的味道。这一细节使你可以在独立权利要求中宽泛地要求保护锅，然后在从属权利要求中具体指定优选的钢锅。

如果有任何从属权利要求涉及水的性质，那么也应当对水进行描述。此外，液体可能不一定是水——也许可以使用热油。水中的盐或矿物质含量可能会影响结果，因此在从属权利要求中是有用的。

同样，从属权利要求可能涉及如何将蛋放入煮水锅中。一个从属权利要求可以限定应当将蛋轻轻放入水中。可以通过用手的一部分握住蛋来将蛋放入。但是，放入蛋时，优选使用能够在浸入水中时托住蛋的支撑装置，例如汤匙或长柄勺。同样适合的是可以在浸入之前和期间托住蛋的篮子或布网。人们通常不希望将放蛋装置留在水中，因此应当说明，该装置在将蛋浸入之后优选是可分离的（在整个煮蛋过程中可以让该装置与蛋保持接触，如果想这样的话）。如前所述，作为一项从属权利要求，可以包括使用一种在将蛋放入水中之后可与蛋分离的装置。这不应该包含在独立权利要求中，因为这会非必要地限定该权利要求的覆盖范围。

虽然这看起来可能是有点超出了具有常识的人通常所需要的细节，但事实是，如果没有该细节，当有引文提及将蛋越过一定的空间扔入容器或者将蛋从很高处投入容器的话，那么将蛋浸入液体中的特征可能就会被基于该引文而驳回。再次强调，发明的详细描述部分必须充分描述如何实施本发明。

描述如何测量说明书所陈述的测量值也是很有意义的。上述示例性权利要求 1 描述了容器相对于蛋的大直径和小直径的尺寸以及容器中的水量。大直径和小直径可以使用细木工匠的工具中常见的传统外卡规来测量；方法是卡在蛋上直到找到最大直径并用尺子测量该直径。可以使用如下方法来测定水的高度：将含有水的容器放置在水平表面上，使得水大致静止并且将尺子浸入水中直到它接触到容器最深部分的底部（容器的形状可以像中式炒锅而不是平底锅），并确定水到达尺子的高度。

在专利申请中应当指定一种单一的测量方法，因为不同的测量技术可能会导致同一个被测对象产生不同的结果。例如，蛋的大直径可以通过如下方法来估计：沿着蛋的主轴和副轴在蛋周围缠绕绳子，并通过扣除小直径对该周长的贡献来确定大直径。这种方法能行吗？大概可以。它会给出与卡规方法相同的结果吗？可能不会。测量方法应当是明确的，以便可以明确地确定侵权行为。

大多数专利申请包括用来阐明发明的、题为"附图"的部分。附图可以包括线条图、图表、曲线图或照片。

图 5.1 示出一个可能会对煮蛋专利申请有帮助的示例性附图。与详细描述部分的作用一样，附图的作用也是为了确保人们可以基于专利中的信息清楚地理解和实施发明的每个方面。附图补充了书面描述的内容。为此，附图中的每个组成部分都应加以说明并编号，然后在说明书正文中引用这些编号。例如，

描述附图 5.1 的文字可以如下：

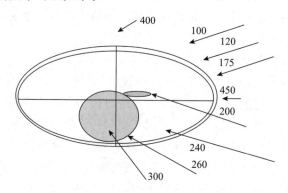

图5.1　用于专利申请的附图的示意图

附图 5.1 示出了具有大直径 450 和小直径 400 的蛋 100。蛋 100 包括为蛋的内部组成提供机械支撑和保护的壳 120。附着在壳 120 内表面的是容纳液体蛋清 240 的膜 175。在蛋清 240 内是由膜 260 包围的蛋黄 300，膜 260 容纳蛋黄的液体物质。附着在膜 260 的外表面并且完全包含在蛋清 240 内的是胚盘 200。该胚盘如果受精的话，在适当孵化之后，会产生诸如鸡之类的动物。

对于该煮蛋专利申请，可能还会包括其他附图，例如那些显示盛水容器、热源以及浸入水中的蛋的附图。一般来说，权利要求中所要求的任何一个特征都应在至少一个附图中说明。附图还可以包括流程图，这可能适用于权利要求要求保护做某事的方法的申请。流程图中的每一步骤都应该进行编号，并在发明的详细描述中进行讨论。

包含所有这些细节似乎有点过多。但是对于一种比煮蛋更复杂的技术，如果不包括细节的话，熟悉该专利的一般技术但不熟悉具体发明的读者能够实施本发明吗？而且，专利法对各种必要细节都有明确的要求。

九、共同公开（Common Disclosures）的好处

如前所述，可以撰写对于一系列专利申请共同的文本来覆盖这些申请。使用该文本可以提交多个专利申请，但要在背景部分和详细描述部分针对特定发明做出不大的修改以确保充分陈述了特定申请所覆盖的技术问题和解决问题的发明方案。撰写这样的共同文本常常可以节省发明人和专利从业人员的时间。这会提高技术团队的生产率，并降低法律成本。如果精心撰写，共同文本和附图部分甚至可适合于未来的专利申请，从而节省额外的时间和金钱。

在专利申请或一系列专利申请中不应该论述的是任何在未来也许可以获得

专利但现在还未准备好提交申请的技术。例如，煮蛋通常导致在蛋黄周围形成蓝绿色的环面。虽然这不会影响煮熟的蛋的味道，但它也不会促进食欲。通过一浸入蛋就关闭热源或者在关闭热源之后马上就浸入蛋并让蛋在热而不沸的水所保留的热中烹煮，可以避免该层的形成。

假设在煮蛋专利申请已被提交后，你的发明人发现了这一方案。如果已经提交的专利申请提到了在热水中而不是沸水中煮蛋，或者公开了在完全煮熟蛋之前关闭热源，审查员就会基于在热水中煮蛋的现有技术（你自己的专利申请）驳回对该方案的专利申请。

无论你在描述获得该益处的方式（例如，在热而不沸的水中煮）时是否认识到任何特定的益处（例如，避免上述环面的形成）都是如此。

公开的内容超过了要求保护或者直接支持申请的内容一般是错误的。但是，也存在例外。其中一种例外是保护自己的技术免受"非实施实体"（NPE）的入侵；"非实施实体"有时称为"专利流氓"（patent trolls）或"专利主张实体"（PAE）。

NPE 是获得其发明的专利但并不实施其任何一项专利技术的公司（这一般不包括大学和/或其他非营利实体）。NPE 通过起诉据称侵犯其专利的人来赚钱，希望获得专利许可费。专利诉讼的辩护费用非常昂贵，通常为数百万美元，即使 NPE 的论据缺乏说服力，被告公司以 NPE 提出的相对便宜的价钱来平息这样的诉讼也往往在财务上是有利的。

具有良好专利组合的公司，常常可以通过与其他公司达成专利交叉许可协议来相互给予彼此使用专利技术的许可，从而平息或完全避免其他公司提起的诉讼。这使得两家公司都可以在清晰可辨的界限内来实施对方的发明，从而避免诉讼。然而，NPE 并不生产或制造产品，因此 NPE 并不需要其他公司的专利许可，这实际上消除了交叉许可的可能性。正因为如此，以反诉来威胁专利流氓根本无效。

一种减少你的公司与 NPE 接触的方法是在你的专利申请中包括将会防止 NPE 获得与你的产品相关的专利的描述。虽然不可能消除 NPE 诉讼的风险，但如果一家公司的专利组合能够保护其产品的所有方面，则该公司不太可能成为受害者。除了基本的技术进步外，它还包括使能技术。遗憾的是，构建这样的专利组合可能非常昂贵，即使这样，它也不能保证能成功地阻止 NPE。但是，至少有必要试着这样做，因为不这样做的后果可能会相当昂贵。这是另一个认真努力制定完善的专利战略可以带来巨大收益的地方，即使没有为每项能想到的发明都提交专利申请。

根据你的专利战略决定了要提交哪些申请后，无论是现在还是未来提交，都可以撰写适当的公开说明书了。在发明的详细描述部分中，仍然可以对那些被认为没有足够价值来保证其专利申请合理性的发明进行描述。这些内容将作为现有技术，从而阻止另一家公司获得这些发明的专利。此外，如果在合理时间内，情况表明全套的专利保护是明智的，你的公司仍然可以提出申请，对以前未提出权利要求的主题提出权利要求。这将在第 7 章中详细讨论。

请注意，尽管详细描述和附图常常描述发明的工作原理，但是这不是必需的。只需要包括使得称职的人员能够实施发明的信息。对于煮蛋专利申请的例子，发明人只需描述如何煮蛋；他不需要论述为什么蛋白质化学会引起蛋黄和蛋清固化。关于每件专利申请的合适详细程度，请咨询你的专利从业人员，同时请记住，发明人很可能必须向专利从业人员解释问题及其技术方案，以便专利从业人员能够就哪些信息需要被包括在申请中向发明人提供适当的建议。

回顾一下，尽管专利从业人员是关于如何准备专利申请方面的权威，但权利要求和申请的内容最终是由商业与技术因素决定的。因此，发明人有责任向专利从业人员清楚、彻底地描述发明和现有技术。管理人员应当告知专利从业人员那些有可能侵犯所要求保护的发明的人，并且应当说明提交申请的商业理由。这可以使专利从业人员处于最佳位置来推荐适当的权利要求和适用于该申请的详细程度。

专利申请的组成部分相当简单明了。权利要求描述发明；背景设置场景；而详细描述和附图教导读者如何制造和使用所要求保护的发明。发明的标题、简要说明和摘要通常源于权利要求或以某种方式与权利要求有关。题为"发明领域"的部分是一小段，它帮助专利局将申请发送给在相关主题领域经过专门培训的审查员。"附图的简要描述"部分源于详细描述部分，包括每个附图的简短说明。至此你了解了专利申请的组成部分以及你的专利从业人员必须满足的一些要求，你将能够与你的专利从业人员进行更有效的沟通，从而构建你的专利组合。

十、仔细看一看现有技术检索

如果你在申请之前检索现有技术文献，你的专利将会更加强固。在互联网出现之前，文献检索是单调乏味的，必须通过可以访问专利局的图书馆或通过拥有持续的专利汇编的公司来完成。不用说，发明人进行背景检索的能力通常是有限的，检索常常既耗费时间又费用昂贵。互联网的使用已经改变了这一切；现在，专利搜索引擎比比皆是。其中包括用于美国专利和专利摘要检索的美国专利商标局（USPTO）网站（http：//patft. uspto. gov）以及欧洲专利局（https：//www. epo. org/index. html）或 http：//worldwide. espacenet. com/和世界知识产权组织（http：//www.wipo.int/patentscope/en/）数据库。也有收费的检索网站，例如 Lexis（http：//www.lexisnexis.com）、Thompson Innovation（http：//info.thompsoninnovation.com）和 Innography（http：//app.innography.com/）。此外，还有免费的搜索引擎，例如 Google Patents（http://www.google.com/advanced_patent_search）和 DuckDuckGo（https：//www.duckduckgo.com）。

请务必仔细阅读检索机构的服务条款。请记住，有些检索机构保留对你正在检索的内容进行数据挖掘或出售的权利。这些信息可能会到达竞争对手的手中，并向竞争对手泄露你的行动方向。

应始终记住，在专利、专利申请或其他文件中的任何地方的描述，无论专利是否授权、签发或期满失效，都是现有技术。在这方面，专利性或现有技术检索与清查检索（clearance search）有所不同（在第 10 章中有介绍）。清查检索局限于有效专利的权利要求，而专利性检索必须包括现有技术中的全部公开内容，而不论该特定题材是否被要求保护。

检索可以以多种方式开始。例如，大多数搜索引擎允许关键词检索。关键词检索通常是有效的。然而，许多公司使用他们自己的行话来描述技术的各个方面，这些词语与竞争对手所使用的不同。如果使用关键词的话，查看一下检索结果中是否出现已知属于竞争对手的专利是有益的。如果没有出现，则应该扩大关键词的列表。在大多数情况下，大家对于在类似技术领域为竞争对手工作的雇员是了解的。检索他们的名字可能会很有成效。竞争对手拥有的专利常常是很多信息的良好来源，尤其是竞争对手的行话中所使用的关键词的来源，并且这些专利本身就构成检索的重要组成部分。

找到专利后，引文列表可以指向其他专利。一些搜索引擎允许前向引用检索（forward citation searches），即，检索出随后公开的、引用所引用专利的专利或专利申请。这可以让检索者获得更多的近期参考文献。

一些搜索引擎允许所谓的"语义检索"；即，检索短语或句子而不是关键词。利用包含语义检索能力的搜索引擎的简单但有效的方式是将整个权利要求 1 都插入语义检索中。然后通过使用关键词检索对检索结果进行再检索，可以将获得的结果缩小到最相关的技术。

在专利申请中对每项现有技术都进行讨论以希望预先考虑到审查员提出的所有可能论点，是没有必要的。这可能并不会发生，也没有必要。你需要对现有技术进行检查并确定与你的申请最相关的现有技术。这些也是你应当在发明背景中讨论的现有技术。

根据现有技术检索中出现的情况，有可能需要对权利要求做出修改。如果存在这种情况，重要的是，最好在发明的详细描述部分中，公开说明书明确地陈述了修改后的权利要求中的内容。应当记住，尽管在办理期间可以修改权利要求，但是专利申请的其余部分一般不能修改。在提交申请之前公开内容必须完整和正确。

完成检索后，对正在提出的整个专利战略进行重新评估是很有意义的。有必要根据检索结果对其他申请中的权利要求和公开内容进行修改吗？此外，竞争对手的技术漏洞和问题能为你提供提升你的专利组合价值的机会，那么检索结果揭示出了竞争对手技术中这样的漏洞或问题吗？这是对专利战略进行调整的绝佳时机。

确保你的技术和法律专家也审核了检索结果，这往往是工程师与律师间的语言差异非常大的地方。律师们会从法律的视角来看待现有技术，即如何利用现有技术使本发明变得显而易见，从而使本发明不具有专利性。工程师则倾向于从相同或不同的角度来审视现有技术与本发明。律师的评估可能会产生不正确的结论，因为细微的差异就可以将旧技术与目前的发明区分开来。技术团队成员的专利性分析常常是不正确的，因为微妙的法律差异就可以使目前的技术进步具有专利性，或者，现有技术可以使目前的技术进步在法律上显而易见或不具有新颖性，即使两者所解决的问题并不相同。

也就是说，工程师应尽可能避免对现有技术做出书面评估文件，书面评论应限于诸如"让我们来看看这件专利"之类的陈述。公司内部的函件可能会被竞争对手的律师发现，如果你想主张你的专利的话。你不会想给予竞争对手让法院做出如下裁定的理由：根据你自己的技术专家的书面评论，你的专利是无效的。

还应强调的是，为了专利能得到授权和最终签发，对于本领域的普通技术人员来说，问题的技术方案必须新颖且非显而易见。如果检索出了很接近的现有技术，就要确保在发明背景部分讨论该技术的缺点（假设它们不是你自己的专利）以及为什么该现有技术本身或与其他技术结合起来都不能解决目前的问题。在背景部分仔细地解释问题并在发明的详细描述部分清楚地具体说明如何解决该问题是获得专利覆盖的关键要素。

如果专利申请写得好，检索也彻底，申请人就很有可能能够反驳审查员提出的驳回意见。申请人不会赢得每场争辩并获得他所申请的每项专利。大约75%的成功率就非常好了；即在提交的所有申请中，75%最终作为专利签发。成功率明显较低可能表明，申请人没有很好地进行检索或没有仔细地对问题或发明进行说明。明显较高的成功率可能表明，你有机会扩大你提交的权利要求的范围，并寻求将竞争对手封锁在更多的可选方案之外。

第 *6* 章
发明与发明人身份：挑战与复杂性

　　我们每个人都有一个发明人的概念。他可能是看着灯泡的托马斯·爱迪生（Thomas Edison），也可能是举着"袖珍渔夫"（Pocket Fisherman）[1]的塞缪尔·博培尔（Samuel Popeil）。我们脑海中出现的画面常常包括科学家和工程师的团队，也包括在车库中捣鼓折腾、试图搞出一种能让他致富的产品的孤独追梦人。正如大多数人对于发明人有各种不同的概念，对于发明的概念也各有不同，有时单个人对于发明的概念也不同。

　　人们可能会将发明看作一项复杂且具有重大意义的技术进步，或者将发明看作飞机上提供的小册子上的一种聪明但可能没什么用的产品。有时人们会赋予一项发明道德价值，判定它是善良还是邪恶，或有可能两者兼而有之。半自动 M1 步枪是约翰·C. 加兰德（John C. Garand）的发明，帮助获得了第二次世界大战的胜利，或许拯救了许多美国人的生命。但是，作为战争工具，该步枪也给其他国家的无数人带来了死亡。

一、什么是专利

　　许多人具有错误的印象，认为签发的专利就如同政府颁发的奖项，是对某种重大技术进步的认可。这种印象往往是由广告引起的，这些广告做出了各种惊人的宣言，通常是这样的——"本产品如此惊人和/或先进，以至于美国政府已经通过授予它一项专利来认可它"。这种观念相当普遍，特别是在那些以前没有从事过专利工作的人当中。

　　尽管专利是政府签发的、有关新技术方案的一个文件，但是这并不意味着该技术方案是惊人的或先进的，而仅意味着该方案是新的且是非显而易见的。在本章中，我们将阐明什么是发明、发明人实际上是谁、为什么签发专利，以及专利代表什么。

二、什么是发明

让我们首先讨论一下什么是发明。许多人会认为手机是一项具有伟大意义的发明。实际上，它不是一项单独的发明。在 USPTO 数据库中当使用术语"cellular"（蜂窝）和"telephone"（电话）在授权专利的摘要中进行检索时，找到 3150 件单独的专利，它们都是截至 2014 年 4 月 8 日签发的。

从法律上讲，这意味着手机并不是一项单独的发明，而是多项发明的组合，有可能是数千项发明的组合。所有这些专利都用在手机中吗？或者，它们对于手机都具有重大意义？答案可能是否定的。这些专利中的许多专利，其重要性非常微小，或许根本就没有得到应用。其中一些专利很可能是递进式的改良，或者代表某些现有使能技术的进步。另一些专利可能涉及手机的使用而非手机本身，或者涉及与手机相关的部件。例如，US8923524 描述了一种用于电话的"超紧凑头戴装置"。你看作"发明"的，很可能是专利的整个集合。

专利，作为一种法律文件，其价值取决于他人为了得到使用该专利技术的权利而愿意支付多少钱；注意到这点非常重要。在最初提交专利申请的时候，专利的价值往往很难确定。因此，一件覆盖关键性问题的技术方案的专利（例如，用于制作即时卤化银照片的化学方法）最终可能仅具有很小的象征性价值，而一件覆盖比较普通的使能技术的专利可能具有非常巨大的价值。

专利法明确定义了诸如"发明""专利"和"发明人"这样的术语，但其定义方式通常与一般的想法不一致。如我们在先前章节中所述，从法律上讲，专利是对技术问题的技术方案的描述。问题和其方案都是专利的必要组成部分。术语"发明"只不过是指"专利或专利申请中要求保护的主题"的简写。❶

在评判专利申请时，专利局对技术方案的有用性（usefulness）或商业价值并不做判定。《彭博商业周刊》（*Bloomberg Businessweek*）在其网站上编辑了一个题名为"最可笑的专利"[2]的列表。该列表中的一项专利叫作"宠物展示服"（Pet Display Clothing）[3]。该专利描述了一种背心，啮齿动物可以在该背心中到处玩耍游逛；该背心具有可关闭的入口以允许宠物进入管状物。该发明聪明吗？看起来确实是。它有用吗？对于那些因啮齿动物的忠诚陪伴而深爱并

---

❶ 关于权利要求与发明之间的关系，美国专利法规定"说明书应当以一项或多项权利要求作为结束，权利要求应特别指出并清晰地要求保护发明人或共同发明人认为是发明的主题"（35 USC 112（b））。在 35 USC 101 的"可专利的发明"之下，该法规定"只要符合本条的条件和要求，无论谁发明或发现了新且有用的过程、机器、制造物或组合物，或者其新且有用的改进，都可以获得其专利"。

感激它们的人们来说，答案是完全肯定的。我们确实没有在任何商店里看到有这样的装置在销售，但是这并不意味着它是没有用的，只是说它没有被有效地市场化。

很明显，并非所有的发明都来源于在资金充足的产业实验室工作的、具有博士学位的科学家和工程师团队。很多专利中所描述的发明并不是撼天动地的。它们或许不能使得专利所有人收获巨大的财务效益，难以预测宠物展示服专利的所有人是否能直接因其专利而变得富有。相比之下，根据 USPTO 的信息，罗纳德·博培尔（Ronald Popeil）持有 31 件专利，覆盖了多项发明，这些发明包括但不限于食品切割装置[4]、电转烤肉装置[5]、秃头化妆品[6]。尽管我们不能亲自证实罗恩·博培尔（Ron Popeil）现在的财务状态，但是他的专题广告片很有名，据报道他于 2005 年以 5600 万美元将他的公司卖给了一家控股公司。

与此类似，正如在第 3 章所讨论的，因为宝丽来公司拥有 7 项相对简单的使能专利，柯达公司被迫退出了即时照相业务，并且不得不支付宝丽来公司900 万美元。该专利侵权诉讼并没有涉及宝丽来公司和柯达公司都拥有的比较复杂的化学专利。简单性或复杂性并不是专利局用来判定申请的专利性的标准，它们也不一定是组织在确定是否应提交覆盖特定发明的专利申请时所用的决定性因素。

考虑到这一讨论，现在值得问一问：USPTO 认为一项发明是什么，以及他们会使用什么标准来决定是否签发专利？对于宠物展示服专利申请，专利局认为权利要求限定了一项发明，因此，授予专利。如果一项权利要求限定了1）新颖、2）有用、3）非显而易见的主题，则该权利要求限定了一项可授权的发明。让我们探讨一下，根据专利法这些术语当中的每一个术语的含义是什么。

三、权利要求和新颖性

如果一项权利要求描述的内容以前从未在产品、出版物或对公众开放的其他信息公开中出现过，则这项权利要求是新的，即，它具有"新颖性"。"公开"可以包括专利、公开的申请、以前提交的未公开申请以及其他类型的参考资料。请记住，你对现有技术了解得越多，你将越有效地识别出你可以拥有的问题。新颖性的要求可能具有几个陷阱。如果一家公司公开地展示了含有所提出的发明的产品，那就是公开。这使得在提交适当的专利申请之前什么内容可以出现在贸易展览会上变得非常复杂。

同样，向顾问或潜在的外部合作者披露或展示技术或产品也会构成公开。

根据美国专利法，以任何一种方式公开了产品后，从公开之日算起，发明人有一年的时间来提交所有的有关专利申请。然而，利用这一时间窗口具有固有的风险。具体地说，他人（例如竞争对手或专利流氓）可能一直在致力于同样的技术，并且可能已经独立地解决了一些对你而言关键性的问题。如果这家公司先提交了申请，他们会被授予专利而不是你。像当今世界的大多数国家一样，美国把专利授予首先申请者而不是首先发明者。你的产品介绍会刺激你的竞争对手迅速地就与该产品相关的技术提交专利申请。为了实施你公司自己的技术，你公司最终有可能不得不支付专利许可费。

此外，特定发明的专利是颁发给首先提交专利申请的一方，因此你公司可能会因为过早披露而丧失竞争专利地位。而且，许多其他国家没有一年的宽限期。如果在提交适当的专利申请之前发生公开披露，那么所展示或披露的内容在这些国家就不再具有专利性。这种情况会严重影响你的专利组合的价值。

公司通常会试图通过让潜在客户、合作者或顾问在获得任何私密信息之前首先签订保密协议来克服新颖性顾虑。虽然这是朝着正确方向迈出的一步，但是满足新颖性要求的能力仍然存在风险。具体而言，保密协议不能阻止信息接受者故意或无意地公开私密信息。任何公开都可能会对你的专利权造成负面影响，无论公开是否违反了保密协议。诚然，违反保密协议的当事人可能会被起诉要求赔偿损失，但是如果你无法获得专利，经过多年昂贵的诉讼后可以收取的赔偿费可能不会挽回你公司蒙受的金钱损失。此外，如果私密信息没有以书面形式明确地陈述给接受者，接受者就可以争辩说，他就其所知没有收到任何此类信息，也没有故意公开任何保密材料，从而更加削弱了寻求损害赔偿的能力。

除了因过早公开造成的风险外，还存在另一种风险。如果你雇用顾问或者与供应商签订合同，那么该方很可能拥有你公司所缺乏的一些专业知识或能力，或者附加值不足以让你公司自己来执行该任务。让我们假设雇用了一家公司，例如一家合同工程公司，来增强你公司开发和/或生产你公司计划商品化的产品的特定子系统的技术能力。该合同公司/供应商❷将开发能让你公司实现自身目标的技术。除非你事先有所安排，否则该公司将拥有其开发技术的所有专利权。

在这种情况下，供应商可能会就他们的技术进步提交专利申请，那些技术进步正是你公司计划使用的。然后供应商将拥有其为你开发技术的权利。供应

---

❷　如果供应商开发特定技术是为了供你用于你的产品，则该供应商被视为合同公司。然而，本书中，如果供应商只是简单地向你公司出售供你的产品使用的现成物品，则该供应商不被视为合同公司。

商可以自由地向你的竞争对手许可或转让该技术。此外，即使你与该公司签订的合同允许你的公司保持对该技术的排他权，你的公司也可能被迫从该合同公司购买该子系统，而不是你自己生产或将其向其他公司招标。或者，你的公司可能会面临不得不支付过高的许可费，以便使用你公司起初签约开发的技术。最后，合同公司将会了解你的公司正在开发什么，并提交可以阻止你公司将自己的技术商业化的一系列专利申请。毕竟，你确实雇用了该公司，因为它拥有专业知识和能力；而他们可能会利用这样一个事实：在美国，专利授予先提交申请的人。公司该如何避免这些问题呢？

四、在与合同公司打交道时如何保护你的知识财产

在与合同公司打交道时为了获得适当的专利保护，有几个方面需要处理。首先，要有保密协议和合同，让你的公司拥有那些代表你公司所取得的技术进步的排他权，这是一个必要的起点。然而，同样重要的是，你的公司应当制定专利战略，以此实现在聘用合同公司之前就拥有尽可能多的问题。

在与合同公司交换任何技术信息之前，技术团队应当一起来描述并列出所有那些能够给目标产品带来市场优势的特征。这实质上是，尽你的技术专家所知，对产品所有方面进行全面的描述。眼前的目标是在任何信息交流发生之前提交所有相关的专利申请。这一点是极其重要的，因为如果申请是在这种信息交换之前提交的，合同公司就无法获得这些申请中的主题的专利。换言之，你的公司而不是供应商，将拥有用于该产品的基本或基础技术。非常重要的是，此时应当将所有已知的、看似新颖的目标产品的特征都清楚地识别出来，因为不能做好这些事情会给你公司的知识财产保护留下漏洞。

确定了目标项目的所谓可专利特征之后，就该进行彻底的专利检索了。这一点很重要，因为它将导致对这些活动产生的整个专利组合的拟议权利要求的细化。完成了检索，并且在必要时修改了权利要求以增加其具有新颖性的可能性后，就该撰写公开说明书了。

由于该策略涉及一个具体的项目，因此很可能可以准备通用的描述和附图，从而节省提交各个申请的时间和金钱（也可以提交包含共同公开和全部所希望的权利要求的单一临时申请）。在撰写并提交了公开说明书后，就可以开始与顾问或合同公司进行讨论了，因为你所拥有的任何信息都在你的控制之下，他人无法获得专利。

然而，这种方法本身并不能为你的公司提供足够的余地来协商费用甚至寻求其他供应商。此外，必须认识到，选择该顾问或合同公司的可能性很大，因为期望他们会带来专业知识以提升你的目标产品。他们的员工可能会与你的员

工一起或者独立地就他们发明的技术提交专利申请。这可能会对你的公司在选择供应商或支付许可费方面造成限制。公司该如何解决这一问题呢？

除非聘请合同公司只是作为某种材料或子系统的供应商，而你的公司对其产品的预期用途没有任何投入，否则很可能希望他们在某种程度上作为开发这项技术的合作伙伴。这看起来是合理的，因为如果他们没有这方面的专长，他们一开始就不会被聘用。更具体地说，他们拥有的专长在你公司内要么薄弱，要么缺乏。公司不得不签订联合技术开发协议，这在如今并不罕见。

考虑到这一点，你的公司如何维持实施自己技术的能力呢？为了在聘请合同公司时保护你的技术，你的公司应考虑实施以下两个步骤，并作为你的整体专利战略的一部分。

第一步：旨在防止合同公司获得专利。这是通过在与合同公司交换任何信息之前公开尽可能多的技术和想法来实现的；这些技术和想法是你的项目团队可以设想到的、属于合同公司将开发领域的技术和想法。目标是消除这些技术的新颖性，从而使合同公司获得专利变得困难。

第二步：要求你的工程团队分析合同公司提出的技术方案，然后设计实现同样效果的替代方法并将它们申请专利。必须小心谨慎，以确保没有与合同公司中的任何人沟通有关替代方案的任何信息。这些想法必须严格来自你公司的员工，以避免将合同公司的员工命名为发明人，从而避免合同公司保留对任何授权专利的权利。

这两个步骤部分地解决了保护你的技术的问题，但它们是以互补的方式实现的。第一步要求在提交的申请中尽可能多地披露可能会被视为使能技术的材料。第二步要求尽可能少地披露使能技术（或替代方法、设备或材料），直到你的公司准备好将其概念申请专利。第一步是在合同公司提出任何技术方案之前实施，而第二步是在之后发生。

总之，新颖性是技术方案获得专利的首要条件。新颖性可以被公众可获得的任何信息所否定，包括你的公司发布的信息。尽管保密协议可能会避免新颖性问题，但并不排除此类问题的发生。强烈建议，尽可能在向公司外部的任何人披露任何有可能可以获得专利的信息之前，设计适当的专利战略，咨询专利从业者，并提交专利申请。

五、实用性

某事物可以获得专利的第二个标准是，权利要求必须是有用的，或者用法律上的话来说必须"具有实用性"。大致地说，权利要求应当描述技术主题。

专利不能授予贺卡正面的艺术作品或小说的文本。❸ 同样，使用计算机开展业务的方法也很难获得专利[8]。对于机械、硬电（hard electrical）或化学发明，实用性标准通常不是问题。然而，读者应当知道所谓的"什么都不做的盒子"（do nothing box）。这个设备由一盒子组成，盒子侧面的外部安装有拨动开关。当用户触发开关时，门被一个部件推开，然后该部件进而关闭开关并缩回到盒子中，门跟随着该部件而关闭。该设备能否获得专利是令人怀疑的，因为它的实用性是有疑问的。然而，实用性可能是任何技术中的问题，尤其是软件和生物技术领域[9]。

六、显而易见性和本领域的普通技术人员

第三个，也是最常见的令人困惑的标准是非显而易见性。请记住，从法律上讲，如果"要求保护的发明与现有技术之间的差异使得所要求保护的发明作为一个整体对于要求保护的发明所属领域的普通技术人员而言是明显的……"，则权利要求是显而易见的[10]。该定义提出了两个问题：第一，发明对谁来说是非显而易见的；第二，什么是显而易见性？让我们首先解决发明应当对谁来说是非显而易见的问题。

显而易见的概念是基于本领域的普通技术与非凡技术的区别而言。什么样的人是本领域的普通技术人员而不是本领域的非凡技术人员？在某一领域具有多年经验的博士团队成员通常被认为具有本领域的非凡技术。而一件设备例如商业机构的投币式打印机的临时使用者，通常被认为缺乏本领域的普通技术，除非本发明涉及方便他使用该设备。

考虑下面的假设例子。其中，由于通货膨胀，需要对通过插入一角硬币、五分硬币和四分之一硬币来操作的自动售货机进行升级，以便可以使用新的一美元硬币。对于经常使用这种机器的人来说，这样的升级会被认为是很显然的，因此是显而易见的。但是，如果机器需要进行一些修改，以允许它接受一美元硬币但拒绝伪造的硬币，而由于一美元硬币的质量或组成的不同，所用的方法不同于以前用于其他面值硬币的方法，则消费者不再被视为是具有普通技术的人，因为这样的内部修改对他来说不是显而易见的。然而，如果对自动售货机的修改仅仅包括改变输送硬币的坡道的角度，以便可以建立正确的速度以

---

❸ 有一种类型的专利被称为设计专利，其编号的前面标有大写字母"D"。这种专利限制了其他公司抄袭客体设计的能力。珠宝、家具和饮料瓶等装饰物品通常会被授予设计专利；计算机屏幕上显示的计算机字体也会被授予设计专利。颁发设计专利的关键条件是它必须与具有实用性的客体相关。在某些方面，设计专利是版权或商标的技术类似物，旨在限制另一家公司抄袭独特形状的能力。由于本书的重点是实用专利，所以我们不会进一步讨论专利与商标法的这些方面。

使硬币的轨迹引导其落入特定位置的槽中，则已经熟悉该机器内部部件的服务人员可能会被视为具有本领域的普通技术。

七、本领域的普通技术人员：一个实际的例子

作为什么样的人是本领域的普通技术人员的实际例子，让我们考虑一下本书作者参与的一个项目。具体来说，他是科学家团队的成员，从事的项目与在电子照相打印机中使用的感光器上的浮渣形成有关。在这种语境下，术语"浮渣"是指在电子照相打印机中使用的感光器上的模糊沉积物。该沉积物阻挡光线撞击感光器，从而降低其性能。这种浮渣进一步使纸粉附着到感光体上，这进一步降低了它的性能，从而必须做出更换的服务呼叫。

通过仔细分析，发现新的未使用过的清洁辊（类似于涂漆辊）会将用于制造清洁辊的纤维的蜡质整理剂从辊沉积到新的未使用的感光器上；然而，使用过的清洁辊则不会引起同样的问题。

通过剥离关键问题——新的清洁辊——团队能够找出解决方案。该问题可以通过在使用清洁辊之前去除整理剂来解决。随后提交了专利申请，而被驳回。审查员引用了一篇早期的涂漆辊专利参考文献，并继续指出，尽管该专利没有讨论在使用后对辊进行清洁，但显而易见油漆工会这样做。

我们对审查意见通知书的答复是：第一，审查员引用的参考文献根本没有公开辊的清洗。第二，涂漆辊在使用后会被清洗并不显而易见，因为油漆工可能只是简单地认定廉价的辊不值得花时间或金钱来清洗。第三，本专利申请指出，所公开的辊是在使用之前被清洗，这与涂漆辊情况正相反（如果涂漆辊真的被清洗的话）。本专利申请最终被授予专利[11]。

在这个例子中，审查员将不足以被推定为在电子照相领域具有详细知识或技术专长的油漆工认定为本领域的普通技术人员。需要进行详细的科学分析以了解问题性质，并且需要进行精心的测试以证明该方法的有效性，以及去除整理剂的功能性，这些因素审查员最初都没有考虑。

审查员最初将油漆工视为清洁辊领域的普通技术人员。无论该辊是用于涂漆还是作为电子照相打印机中的清洁辊都不重要。只是因为在本发明背景部分阐述了浮渣的问题，并在本发明详细描述部分讨论了在清洁辊用于电子照相打印机之前对其进行清洗的必要性，我们才成功地论证了油漆工并不是本领域的普通技术人员，以及在最初使用清洁辊之前对其进行清洗不是显而易见的。

八、显而易见性：一个实际的例子

关于发明对谁而言必须是非显而易见的讨论引出了"非显而易见"这个

术语到底是什么意思的问题。在美国，专利审查员可以从不同的在先公开中挑选零碎的信息以显而易见为由来驳回你的权利要求。所公开的内容甚至不必与本发明同属一个技术领域，正如前面讨论的电子照相清洁辊的情况。审查员可以基于现有技术以显而易见为理由驳回专利申请，而对于审查员可以串联在一起的参考文献的数目并没有限制。正如电子照相清洁辊的情况，现有技术甚至不必与本发明同属一个领域。在前面的例子中，审查员引用了一种涂漆辊作为现有技术，尽管其目的、使用方式和维护方法与其在打印机中的应用无关。如何处理这个看似违反直觉的标准呢？最好的解释方式也许是通过实际例子。

本书作者曾经跟科学家团队与一家印刷公司合作研究将小的墨粉（toner）颗粒从感光器转印到接收物（receiver）的新方法。接收物具有纸基底和薄的热塑性外涂层。接收物在接触带有墨粉的感光器之前被加热以软化热塑性塑料。当将热塑性塑料按压到带有墨粉的感光器上时，墨粉就转印到接收物上。

该团队解决的问题是覆盖整个接收物的热塑性塑料在加热时变成热熔黏合剂。毕竟，原以为会使同样是热塑性的墨粉附着到接收物上。意想不到的结果是接收物牢固地黏附在感光器上，而且在不破坏两者的情况下无法分开。想要好照片的顾客和希望在不损害其设备的情况下提供好照片的商家都会失望。

为了解决这个问题，我们将脱模剂加入涂覆接收物的热塑性塑料中。热塑性塑料所形成的正是我们想要全部墨粉都转印上去的表面。这样做解决了接收物黏附在感光器上的问题，同时使得全部墨粉都能被转印。我们提交了一份专利申请，该申请被以显而易见性为由驳回。审查员在其审查通知书中接着解释到，使用脱模剂以防止两种接触材料彼此黏合是显而易见的。

我们的专利从业人员对审查员做出了回复，指出"没有一个心智正常的人会使接收物不太黏，从而使墨粉更好地黏附到它上面"。最后，该专利申请得到审查员的授权[12]。

该专利的关键特征在于，尽管使用脱模剂来防止黏合是公知的，但使用脱模剂来改善墨粉转印过程却不是公知的。墨粉会黏附在热塑性塑料上，而感光器不会黏附到热塑性塑料上，这其实是未预料到的。实际上，权利要求限定了一个比参考文献各部分的总和还要大的整体。这正好又回到了在申请的背景部分中充分详细地定义要解决的问题的讨论。

如果我们简单地将问题定义为将接收物与感光器分开，那么论证专利性就很困难。类似地，在前述的清洁辊专利中，背景部分提出了感光体上浮渣形成的问题。我们成功说服审查员是因为背景部分明确指出，解决的问题是感光器上浮渣的形成。我们并不是简单地试图获得一种清洁纤维辊的方法的专利。

这里的经验是，对所解决问题的正确描述，加上关于为什么现有技术没有解决该问题的逻辑良好的讨论，对于最终获得颁发专利是非常有帮助的。然而，重要的是要记住，在提交可办理的申请与公开太多信息之间存在精细的平衡。关于结合你的具体情况下要呈现的恰当平衡，请咨询你的专利从业人员。

九、一件专利只包括一项发明

在本章的讨论中应当始终牢记，一件专利只能包括对单独一项发明的权利要求。在制定专利战略时特别是在公开可专利信息之前不得不实施该战略并提交申请时，记住这一点尤其重要。尽管有时候，即使在单个项目中，不同的发明很容易彼此区分开，但情况并非总是如此。

要问的关键问题是，权利要求是否可以彼此独立地被实施。例如，用于做某事的装置（设备权利要求）和使用该设备的方法（方法权利要求）常常可以被单独实施，因为方法权利要求常常可以使用不同的装置来实施。因此，在美国，方法权利要求和设备权利要求常常被认为是单独的不同发明。如果审查员认为这些权利要求可以彼此独立地被实施，就会要求发明人将该申请分为不同的单独申请，以便分别办理。这些申请被称为"分案"，在后面的章节中将对此进行更全面的讨论。

十、主张（Asserting）你的专利

撰写专利申请时应当考虑到针对侵权人主张颁发的专利。如果有一个以上的实体例如公司侵犯了一项权利要求，则一般来说最好重新撰写这项权利要求以避免这种复杂情况。换言之，重要的是，在主张专利时能够证明单一个人或单一公司侵犯了这项权利要求。让我们用一个假设性例子来更具体地说明这一点。

假设一项专利权利要求描述了一种生产用于电子照相打印机的新型墨粉的方法。此外，这项权利要求还要求该墨粉被用于将文件打印到纸张上。没有打印任何文件的墨粉制造商不会侵犯这项权利要求。实际上正在制作文件但没有制造墨粉的打印店老板也不会侵犯这项权利要求。因此，虽然这项权利要求显然受到侵犯，但没有单一的实体能够被认定为侵犯了该项权利要求。在这种情况下，该专利的所有人将难以获得侵权损害赔偿。

撰写的权利要求最好能使任何侵权都最可能涉及单个侵权实体。此外，如果一项权利要求的初稿不是这种情况，应当考虑是否可以将该项权利要求分成多项发明。强烈建议，在制定专利战略时应认真注意是否需要布局多个专利申请以避免这种可能性。

十一、发明人与发明人身份

现在让我们来讨论一下发明人身份的概念，或者谁是、谁不是专利申请中列出的发明人。专利法有其自己的"发明人"概念，可能与一般人所持有的概念不同。正如"发明"是"要求保护的主题"的简写，"发明人"是"对要求保护的主题的技术贡献者"的简写。未将正确的个人列为发明人会有严重的法律后果。此外，在针对竞争对手主张专利时，包括了某个不是发明人的人或遗漏了某个是发明人的人，都会导致该专利无效。发明人身份是一个严重的问题；遗憾的是，发明人身份常常涉及在项目中密切合作、勤奋工作的同事们的情绪反应。让我们来讨论一下这到底意味着什么。

发明人必须为至少一项权利要求做出创造性贡献。也就是说，一个人要成为发明人，必须为权利要求做出不能简单地在参考书中查到的贡献。发明人不需要为每项权利要求或者不止一项权利要求做出创造性贡献。但是，一个人必须在至少一项权利要求中做出创造性贡献才能被视为发明人。发明人与职称无关，工程师、科学家、技术人员、经理、销售人员或任何其他对权利要求做出贡献的员工都可以是发明人。发明人的主管不能成为发明人，如果他只是作为发明人的主管的话。

发明人身份的确定常常会引起那些在项目上投入长时间艰苦工作的人的强烈情绪反应。主管必须具备处理这些反应的能力。让所有贡献者都与你的法律专家讨论他们对所提出的权利要求的具体贡献，让法律专家来确定到底谁是发明人，这常常是有好处的。此外，随着专利办理和权利要求修改，被列为发明人的名单可能会发生变化，一些人被删掉，另外一些被增入。虽然认可每个人的工作是可取的，但是不应当仅仅因为这样的工作就将某人列为发明人，因为正确的发明人身份是一个严肃的法律问题。

具体地讲，发明人拥有专利申请和授权专利的产权。错误的发明人身份意味着适合的人并没有拥有这些权利。未列入的发明人可以提出专利诉讼或者将你的专利技术许可给你的竞争对手。鉴于其重要性，让我们进一步研究一下发明人身份的构成。

阿尔伯特·爱因斯坦于1905年在瑞士专利局工作期间发表了三篇彻底改变物理学的科学论文。其中的一篇关于光电效应的论文，使他获得了1921年诺贝尔奖。这项工作最终导致了量子力学的形成；量子力学是20世纪理解原子相互作用的主要进步之一。然而，建立对自然规律的理解或推进科学是不能获得专利的。发明必须是解决实际问题的方案。事实上，沃尔特·布拉顿（Walter Brattain）于1948年提交了光电池的专利申请并于1951年获得专利，光电池是一种利用爱因斯坦发现的光电效应起作用的装置[13]。获得专利的是解决实际问题的装置而不是自然规律。爱因斯坦在得出他的理论时实际上正在专利局工作，与该专利过程完全无关。

专利性和发明人身份的另一个值得注意的例子是晶体管。该装置彻底改变了电子技术，使该行业从真空管转变为半导体。它催生了许多新的产业，使今天的数字电子产业和我们都从中受益的技术进步成为可能。因他们在半导体领域的工作以及晶体管的发现，约翰·巴丁（John Bardeen）、沃尔特·布拉顿和威廉·肖克利（William Shockley）分享了 1956 年的诺贝尔物理学奖。

虽然我们大多数人可能会认为晶体管是一项单一的发明，但实际上它包含了被许多专利所覆盖的多项发明。覆盖该装置的、或许最有名的专利于 1953 年颁发给了沃尔特·布拉顿[14]，该专利的名称为"半导体转换器"（Semiconductor Translator）。该专利示出了晶体管的常规原理图和性能图。其他专利包括美国专利#2617865，于 1952 年颁发给了布拉顿和约翰·巴丁，覆盖半导体放大器；巴丁和布拉顿（美国专利#2589658，于 1952 年颁发），也覆盖半导体放大器；巴丁和布拉顿（美国专利#2524035，于 1950 年颁发）以及布拉顿和罗伯特·吉布内（Robert Gibney）（美国专利#2524034，于 1950 年颁发），后两件专利公开了一种利用半导体材料的三电极电路元件。该装置的其他专利包括杰拉尔德·皮尔逊（Gerald Pearson）和威廉·肖克利，名称为"半导体放大器"（Semiconductor Amplifier）（美国专利#2502479，于 1950 年颁发）；沃尔特·肖克利（Walter Shockley），名称为"半导体放大器"（Semiconductor Amplifier）（美国专利#2502488，于 1950 年颁发）；沃尔特·肖克利，名称为"半导体信号转换装置放大器"（Semiconductor Signal Translating Device Amplifier）（美国专利#2654059，于 1953 年颁发）和沃尔特·肖克利和摩根·斯帕克斯（Morgan Sparks），名称为"具有受控增益的半导体转换装置"（Semiconductor Translating Device Having Controlled Gain）（美国专利#2623105，于 1952 年颁发）。这份清单并没有包括所有相关专利，而是说明性的。

很明显，通常被许多非专业人员甚至是水平很高的技术人员认为是单一发明的晶体管在法律上是不同发明的集合。此外，虽然科学界认为巴丁、布拉顿和肖克利是晶体管的三位发明人，但事实上，在法律上还有其他人参与其中；肖克利在他自己的几项专利上被列为发明人，或与其他同事一起被列为发明人，但他与巴丁或布拉顿不是任何专利的共同发明人。很明显，发明人和发明的法律定义与通常的用法有很大的不同。我们通过解决在各种假设情境下谁是发明人的问题来探讨一下这一概念。

让我们首先考虑一件有 20 项权利要求的专利申请，包括 1 项独立权利要求和 19 项从属权利要求，以及两位潜在的发明人——科学家 A 和技术员 B。在这 20 项权利要求中，科学家 A 自己对 19 项权利要求都做出了创造性贡献，而技术员 B 和科学家 A 两人都对第 20 项权利要求做出了创造性贡献。在这个例子中，科学家 A 和技术员 B 都可正当地列为发明人。技术员 B 的发明性贡献仅影响单项权利要求的一部分这情况并不重要，这足以且必须将他列为发明人。

现在让我们假设审查员认为第 20 项权利要求可以与其他权利要求分开实施，并且必须作为单独的专利申请提交。因此，该专利申请需要分案。只有科学家 A 将被列为覆盖前 19 项权利要求的申请的发明人，而科学家 A 和技术员 B 两人都将被列为覆盖第 20 项权利要求的第二案的发明人。如果其他权利要求被添加到这两件申请的任一申请中，则可能必须增加其他发明人。

在另一假设情形中，假设个人 A 描述了一种新的"左撇子"小器具，它克服了以前的小器具的某些缺点。令人遗憾的是，个人 A 不能够实际建造这种"左撇子"小器具，但是一个同事，个人 B 从个人 A 获得了描述并动手建造了它（以法律术语来说，即实施）。个人 A 是唯一的发明人，尽管个人 B 是第一个实际建造并实施该发明的人。发明人一般不必实际建造设备或演示方法。个人 B 可以被归为遵照说明书并实际实施该发明的具有熟练技能的人。但这本身并不构成发明人身份。

但是，如果个人 B 意外地发现一些非显而易见的条件对于实施本发明的某些方面是必需的，或者如果个人 B 发现一些非显而易见的改进，并且对那些条件或改进提出了权利要求，则个人 B 将是相关权利要求的发明人。此外，由个人 B 发现的改进必须向后引用本专利申请的某项权利要求，才能被认为是该申请的发明人。如果它可以独立于本发明而实施，则它将需要作为单独的专利申请，并将个人 B 列为发明人。

现在让我们考虑另一个关于发明人身份的例子。假设布拉顿生活在一个较早的时代，并且在爱因斯坦发现光电效应之前于 1904 年发明了光电池。让我们进一步假设，布拉顿不知道他的光电池是如何或为何工作的，而只知道如何建造和使用它，以及在所描述的条件下它确实工作的事实。现在，让我们进一步假设爱因斯坦了解到布拉顿光电池的存在，并能够提出其光电效应理论来解释布拉顿的发明。在这个例子中被推定为并不了解光电池是如何运转的布拉顿会成为发明人吗？爱因斯坦会成为布拉顿光电池的共同发明人吗？

关于布拉顿，专利法并不要求发明人了解其发明是如何工作的。尽管为了论证发明不仅仅是先前公开中的许多不相关组成部分的简单堆砌，引入一些对发明背后的理论的讨论常常是有益的，但这样做不是必需的。相反，发明人只需要足够详细地描述如何建造或实施其发明，以使本领域的普通技术人员在阅读了专利或者在特定情况下做了一些优化发明的小实验后，就可以实施该发明。

关于爱因斯坦，就像没有必要解释发明是如何工作的一样，解释发明如何工作并不会使那个做出该解释的个人成为发明人。除非爱因斯坦运用光电效应理论使其他非显而易见的权利要求被包括在专利申请中，否则他不会成为发明人。

十二、处理发明人身份的问题

对于那些致力于解决问题、在法律上可能是也可能不是发明人的人，发明人身份问题常常是令他们很动情绪的问题。需要小心谨慎地处理这些问题。发明人身份的问题包括，有的人不认为自己没有做出任何发明性贡献；有的人不是发明人而坚持认为自己是发明人并且坚持认为所列的发明人根本不应该出现在专利申请上。让我们看看如何处理这些问题。

首先，让我们考虑一下如下情况：发明人做出了有价值的创造性工作，雇主公司希望为此申请专利。不幸的是，发明人并不认为他们发明了什么，或者他们的工作有什么创新之处。通常，他们会引用竞争对手拥有的现有技术作为他们这种看法的理由。谦虚往往使他们不能接受他们实际上就是发明人这个事实。在一个领域工作的工程师常常是最不适合评价他们的发明的人，这是因为在目前的情况下，发明是法律概念而不是技术概念。不接受或不承认某人的发明人身份的法律后果可能是严重的。

当你的公司试图对竞争对手主张专利时，如果该团队的成员在诉讼期间被传唤到证人席上，他们就可能会成为反方的强有力证人。如果他们认为，基于现有技术，他们的发现没有任何具有创造性的东西，或者说他们不相信自己就是发明人，这样的陈述就可能导致专利被宣布无效，甚至输掉整个诉讼。

在提交专利申请之前，应当尽一切努力，帮助团队成员理解，使他们相信，他们的发现实际上构成了超越现有技术的发明。或者，团队成员可能是正确的，他们可能会让你相信，要么需要重新撰写权利要求，要么因为现有技术的存在使得可能签发的专利实际上没有什么价值。

在提交专利申请之前应当协同努力以解决这些分歧。让所有人都朝着保护公司知识财产的共同的、可理解目标一起工作是最好的选择。周密、详细的讨论通常可以解决这些不一致之处。在面对这种情况时，本书作者通过询问工程师为什么未在去年推出这种产品这样的问题，已经说服工程师使他们相信他们有可获得专利的发明，这种过程取得了相当大的成功。这一过程会引起对现有技术中的问题和局限性以及工程师如何克服这些问题和局限的讨论。如果明显有一项发明，但无法使发明人相信这一点，则可能有必要让受让人在没有发明人签名的情况下提交申请，尽管这在法律上更为复杂。对于在职员工来说，这种情况并不常见，但是当员工死亡或者员工有严重的、使人衰弱无力的健康问题或已经离开公司时的确会发生这种情况。

最后，根据专利法，即使这些个人只对一项权利要求做出了创造性贡献，也要将他们指定为发明人。如果这项权利要求是该发明的一个次要方面，则可以通过从该申请中删除该项权利要求来删除对这些个人的指定。总的来说，最好的方案是让技术团队成员和法律顾问与这些员工一起讨论这些问题，设法让他们相信，这是一项有价值的专利，他们是这项专利中的发明人。

还有一种情况是有些人将撰写申请和获得专利的过程视为痛苦，这也许不像上述情况那么严重但仍然是有问题的。这构成了第二类发明人。他们宁愿把时间花费在推动技术进步上。财务和其他激励措施对这类人通常不起作用，他们感到压力才能推动技术进步，在当今竞争世界中也确实如此。他们也常常没有认识到他们所取得的成就是可以获得专利的。

应当以两种方式来处理这些第二类人的关切。首先，必须仔细解释他们确实有发明。经过解释后，这些人通常会在专利申请准备工作中给予合作。其次，与申请的准备、提交和办理有关的时间和负担需要减至最少，以使这些人可以愉快地接受该过程。这常常可以通过聘用专利工程师（在第 11 章中进行深入讨论）来完成，专利工程师将与技术团队成员和专利从业人员进行交流。

专利工程师可以帮助收集申请材料，并帮助发明人专注于他们的发明。专利工程师还可以进行现有技术检索并将检索结果呈现给专利从业人员。最后，他们可以帮助制定专利战略，以便受让人最终拥有问题，而不仅仅是解决问题的特定方案。

第三类"发明人"包括这样一些人：他们在特定技术领域工作，而错误地认为他们应当被列为各种专利申请的发明人。在这个类别中有几个小类。因为每小类人的动机是不相同的，所以在处理发明人身份问题方面，如何处理每小类人是不同的。如果这些情况处理不好，受让人最终可能会面临专利受损，工作环境很不友善，员工士气低落。

第一小类包括那些真正尊重申请价值的"发明人"，他们希望确保申请正确完成并且包括他们的技术进步。他们只不过是希望做正确的事情，并认为他们做出了创造性的贡献。这通常是最容易处理的一类人，只需要评估他们的贡献并确定这些贡献是否包含创造性的内容。解释评估后，这类人很可能马上就会接受关于发明人身份的决定。

第二和第三小类包括那些渴望获得认可的人。下面将讨论如何处理这两类人的发明人身份问题。第二小类包括这样一些人，他们认为他们是应当被列在专利申请上的发明人，并且认为被列为发明人的其他人不应当是发明人。实际上，他们可能是发明人，但是不希望将任何其他人列为发明人。第三个小类更有问题，因为他们的行为会导致激烈矛盾。这一小类的人往往从事特定或类似的项目，对正在考虑的专利申请中的权利要求可能做出了创造性贡献，也可能没有做出。

在回应这两个小类的人时，往往值得让他们与技术经理和专利从业人员会面。根据分类动态，会议可以包括整个技术团队或者单独的个人。必须强调，发明人身份是一个法律问题，而不是情感问题。它不是基于某人是否从事了某个项目或者做出了有价值的贡献。假定的发明人应当提交他们所完成的、对一项或多项权利要求的直接创造性贡献的记录。是否将他们列为发明人应由专利从业人员来决定。付费给法律专家就是为了让他们做出这些决定并承担责任。另外的好处是，由于他们通常不在项目团队的成员之列，因此他们的决定通常不会产生不满、怨恨；而如果由团队成员或经理来做该决定，就可能产生不满与怨恨。

第四类发明人包括那些渴望得到认可并且即使在那些他们未被指派并且可能没有深入了解的领域也愿意提交发明报告的人。这类人与第三类人的不同之处在于，他们提交的专利申请中的技术往往超出了他们的专业知识范围，而且他们没有与积极追逐该技术的团队一起工作。他们提交的报告可能在或不在其雇主有战略利益的领域内。在后一种情况下，拒绝为这样的报告申请专利是相对容易的。但是，在公司确实有战略利益，特别是如果有其他员工团队正致力于该领域的情况下，该问题可能会更加严重。

具体来说，一个"局外人"（公司中不在特定技术领域工作的个人）提交发明公开报告以期提交专利申请会造成在该技术领域工作的群体的对抗。此外，这种公开往往没有价值，还可能会有不正确的信息。不幸的是，这些公开不能被忽视，因为它们可能有可提出权利要求的内容，因此在法律上要求将该人列为发明人。如果致力于该技术的团队成员或这个提交发明公开的人努力要将其他人从发明人当中删除，问题就可能迅速恶化。

这个问题可以通过让技术知识丰富的人比如专利工程师（或许可以与项目团队成员一起）对提交的内容进行评估并决定所提交的想法是否有价值来解决。如果认定这个想法不值得提交专利申请，就可以摒弃它；要认识到，如果该技术成为一个值得为该发明申请专利的方向，则最初的提交者可能仍然是合法的发明人。如果这个想法足够有价值，特别是如果它符合技术团队所追求的研究路线，让提交该想法的人与团队成员一起讨论他的想法可能是有意义的。这里的关键是设法让此人与团队成员进行交流，以便有价值的技术进步获得专利，并制定拥有问题的战略，而不造成不必要的矛盾，也不浪费时间和金钱去追逐毫无价值的想法。

总的来说，应始终记住，"发明""发明人"和"专利"这些术语具有法定含义，并且是我们在本领域必须使用的定义。如果对这些诸如人或技术进步之类的问题有什么疑问，应当咨询有执照的专利从业人员。

参考文献

1. S. J. Popeil, U. S. Patent #4,027,419（1977）.

2. http：//images. businessweek. com/ss/09/04/0408_ridiculous_patents/4. htm.

3. B. Belisle, U. S. Patent #5,901,666（1999）.

4. R. Popeil and A. Backus, U. S. Patent #4,807,862（1989）.

5. R. Popeil, A. Backus, and K. Popeil, U. S. Patent #7,138,609.

6. K. Pond, R. Popeil, and A. Backus, U. S. Patent #6,436,380（2002）.

7. http：//www. bloomberg. com/apps/news? pid = newsarchive&sid = at4OT937iybc&refer = home. Referenced 1/5/2015.

8. See, for example, Alice Corporation Pty. Ltd. v. Cls Bank International *et al.* 134 S. Ct. 2347（2014）.

9. See, e. g. , Mayo Collaborative Services, dba Mayo Medical Laboratories, *et al.* , v. Prometheus Laboratories, Inc. 132 S. Ct. 1289（2012）.

10. 35 USC 103.

11. T. H. Morse, J. Locke, R. C. Bowen, J. C. Maher, and D. S. Rimai, "Photoconductor Cleaning Brush for Elimination of Photoconductor Scum", U. S. Patent #5,772,779（1998）.

12. W. A. Light, L. J. Sorriero, and D. S. Rimai, U. S. Patent #4,968,578（1990）.

13. W. H. Brattain, U. S. Patents Nos. 2,537,255,2,537,256, and 2,537,257（1951）.

14. W. H. Brattain, U. S. Patent 2,663,829（1953）.

第 7 章
专利工程与专利办理（Prosecution）

已经做出了为你公司的知识产权寻求专利保护的决定，并且已经实施了坚实的专利战略。已经进行了专利性检索，起草了描述发明的权利要求，已经撰写了描述问题、其他人如何设法解决该问题以及你公司解决该问题的新方案的公开说明书。现在你正处于这样的一个时刻，你想知道如何继续、预期什么以及所有这些将花多少费用。在本章中，我们将描述在美国从提交专利申请到专利签发的过程。在本章中我们也将简要地讨论国际专利申请的提交。我们将在第 8 章中深入探讨在美国本国提交专利申请的费用以及维持已签发专利的费用。在第 9 章中，我们将更深入地讨论国际申请以及是否有必要进行国际申请、在其中提交申请国家的选择、国际办理以及与国外申请相关的费用。

获得专利的过程被总结在美国专利商标局网站[2]上展示的图[1]中。该图显示出了典型的专利申请的办理路径。读者可以参考该图来了解专利流程的基本概况。我们将深入讨论 USPTO 所概述的许多步骤，因为它们既适用于办理单独的专利也适用于实施专利战略。

一、美国专利的类型

在美国有三种类型的授权专利。虽然确定提交哪种类型的申请通常不是专利过程的第一步，但是让我们现在就考虑一下它。第一种也是最常见的一种授权专利是实用专利，它用以保护有用的过程、制造的物品或设备或物质的组合物，例如新的化学品。如果你想寻求获得对技术问题的新方案的专利保护，你就提交获取实用专利的申请。设计专利（在专利号中标以大写字母"D"）和植物专利构成了其他两种类型的专利。设计专利用以保护装饰性特征［例如于 2012 年颁发的实耐宝工具（Snap-on Tools）专利 D654,341[3]，描述了具有引人注目的末端手柄的装饰性设计］；颁发植物专利用以保护无性繁殖的植物新品种。除非另有说明，在本书中我们将集中讨论实用专利，因为它们的潜在价值最大。当你试图构建让你的公司拥有问题的专利组合时，你可能希望咨询你的专利从业人员以确定哪种类型的专利申请是最适合提交的。

二、专利性

获取专利过程的第一步是确定你的发明的专利性。在聘用律师服务之前，应当先处理几个问题。在这些问题当中最重要的问题或许是确保所提出的发明确实是一项发明并且很有可能有资格获得专利。专利局列出了许多不能获得专利的项目，例如永动机。将已知的技术组合成为一种新的，甚至是非常有销路的产品，并不能使这些技术的组合可以获得专利。更确切地说，将技术组合在一起必须有意想不到的益处，从而使得整体的作用不仅仅是各个部分的总和；或者必须有一个组合技术的问题，而发明人解决了该问题，从而能够使各个组成部分组合在一起。

一个同等重要的问题是确定你的发明是否已经被公开或被专利了。一般而言，这种确定来自现有技术检索。但是，当实施旨在形成专利组合的战略时，该发明完全有可能被一件你以前获得的专利覆盖，或者被你申请的另一件专利公开。而且，该发明的在先公开内容，即使在在先申请或专利中未被要求保护，也会排除你获得目前所希望的专利的能力。如果该申请是你计划在未来提交的申请，对于你在当前申请中就该特定发明所披露的内容，则要小心谨慎，因为你不想让你自己的申请构成现有技术。

三、评审现有技术检索结果

确定专利性需要对现有技术检索进行彻底的评审，以确保没有其他人先公开所提出的发明。如我们之前所讨论过的，决定问题的方案是否可获得专利的两个因素是新颖性和非显而易见性。为了成为一项发明，所提出的技术必须是新的；也就是说，它在以前是不被人所知的。如果这些检索结果揭示出了公开了解决相同问题的类似技术，那就不是发明。然而，一项具有在先技术中固有的解决当前问题能力的类似技术只是用于不同用途，这样的技术是不能获得专利的，因为在先技术的发明人有权充分利用他的发明，即使他并没有意识到其发明的某些方面。

让我们考虑一个假想的例子：本发明是一种纱窗（window screen），一种包含在框架内的丝网（wire mesh），可以插入墙的开口处以防虫子进入你的房间。发明人就以上述方式描述了问题，并且对包含在框架内以赋予其刚性和支撑的丝网提出了权利要求。

现在让我们假设，你公司已与他人签约设计一种从水中过滤石头和其他微粒碎屑的设备。工程师们设计了一种设备，该设备包括由框架支撑的丝网，可以将该设备放置在容器之上，使含有微粒的水流过该设备以便将清水捕获在所述容器中。该设备不构成一项发明，因为其过滤水的能力是原来发明中固有的，即使原发明人并未意识到其能力。

非显而易见性的标准在某种程度上更为含糊。简单地说，非显而易见性是指不能将几件已知的物品拿来并将它们组合在一起，而结果每件物品还都像所预料的那样各自起作用。举个例子，假设贵公司不是仅仅试图获得框架内丝网的专利，而是试图获得一种设备的专利，该设备包括框架内的丝网和适合盛水的容器，其中框架内的丝网被叠加在容器的开口上，以便水流过所述丝网进入容器。因为显而易见性，该设备是不能获得专利的。审查员会简单地论证说，在框架内的丝网是公知的。

尽管纱窗的发明人并未公开其过滤水的用途，也未公开容器捕获水的用途，但是水桶包括了可被沉入水中并捕获水的容器。纱窗被放置在墙的开口上以排除虫子的进入。将网放置在用于捕获水的容器上以排除微粒的捕获，是显而易见的。

四、处理申请中的现有技术

让我们继续讨论该假设性例子。就你公司的工程师发明的过滤技术，你如何获得有意义的专利覆盖？尽管水的过滤是必要的，但是也发现，在经过一段时间之后，网被微粒碎屑堵塞，使得它不能进行进一步过滤。为了解决这一问题，你公司的工程师设计出一种框架，使得网与水平面保持30°~60°，框架和网在容器之上延伸，往容器中倾注足够量的水以将微粒碎屑从网上冲洗掉而不使其进入容器。选择这样的角度是因为更小的角度无法用于从网上冲洗微粒碎屑，而更大的角度会使得太多的水溅出容器。

如果专利申请如上所述那样定义问题，则该申请应当是可授权的。纱窗的发明人基本上不会预料到网堵塞的问题，因为如果虫子被纱窗阻挡了，它们就会飞离。尽管容器是本发明的部件并因此被列在权利要求中，但是容器本身不会固有地解决所述的问题，因为所述问题现在被陈述为处理由微粒碎屑造成的网的堵塞。现有技术中没有教导使用水来自清洁网，也没有教导实现这一目的的方法（通过将网相对于容器以一定角度放置，同时在转移过程中让水在网上进行冲洗）。

这里的关键教训是，正确地定义所解决的问题是极其重要的。这涉及将现有技术检索的结果整合到公开说明书中，并且，即使现有技术不用于直接解决所述问题，也要清晰地描述为什么现有技术单独地（例如，金属丝网纱窗）或者与其他技术（例如水桶）结合在一起都不会提供所述问题的技术方案。仅仅解决了问题［在本例中，名义上是提供经过过滤的水（而没有堵塞过滤设备）］是不够的。虽然在专利办理过程中可以修改权利要求，但是公开说明书是不能修改的。

上述讨论用来说明构建技术（工程）与获得有价值的专利覆盖（法律）之间的区别。虽然获得关于利用网与容器一起过滤水的专利覆盖是令人期待的，但这种情况不会发生。在这个假设性例子中，防止网堵塞似乎是可以得到专利的，而且相对于竞争对手生产的产品，会使你的公司具有重大的竞争优势，因为竞争对手的那些产品不是堵塞就是需要复杂、高成本的网清理方法。

五、是否应当在国际上提交专利申请

在检查并处理了现有技术之后，你应当决定是否在国际上提交专利申请。虽然不同国家对于专利性的要求稍有不同，但是这样的决定应当主要基于商业或经济的考虑。如前所述，我们将在第 9 章中讨论这些考虑以及在国际上办理专利申请的过程和相关成本。应当注意，由于制定"拥有问题"的专利战略的结果，很有可能会同时提交或相继提交多项专利申请。

你可能会决定，只有一部分申请应当在国际上提交，或者不同的申请应当在不同国家提交，即使这些申请具有共同或类似的公开内容。然而，应当牢记，一旦提交申请，它就有可能会构成现有技术。在美国尤其如此，即，在优先权日（一般是向专利局提交申请的日期❶）之后 30 个月或在申请公开之后 1 年，以先到的时间为准，申请就构成了现有技术。

当然，一经公开，对于任何人包括所列的发明人来说，申请中所有内容都是现有技术。例如，分别描述用于制造某物的装置的设备申请和使用该装置的方法的方法申请，应当同时提交，以便一申请的内容与另一申请重合。然而，自提交之日起 30 个月后或者自公开日起 1 年之后，申请中的所有内容都被视为现有技术（在此之前，申请中的信息可能是现有技术，也可能不是现有技术，这取决于具体情况）；申请人在办理过程中试图规避显而易见性驳回意见时，这些现有技术可以与其他现有技术结合并给申请人带来麻烦。

不管你是否决定在国际上提交专利申请，以及，如果在国际上提交的话，在哪些具体国家提交，人们都认为在美国提交该申请是可取的。这个时候应当

---

❶　法律上的一些细微之处可能会导致优先权日和文件被视为是现有技术之前的时间不同。读者应向专利从业人员咨询具体细节。

聘请律师或专利代理人来准备和提交申请了。

六、聘请专利从业人员并评审专利战略

专利是法律文件，专利的效力和所形成的专利组合的价值是描述发明的技术信息（technical input）和确保保护该知识财产的法律文件尽可能强有力带来的直接结果。而且，除了确保所形成的专利的法律效力外，专利从业人员还将确保在提交专利申请时满足众多形式要求。诸如如何提交申请、语法、附图的格式要求以及无数其他因素等细节都必须由专利从业人员来妥善处理。

能够发明专利技术的技术专家还具有撰写、提交和办理良好专利申请的法律专业知识是罕见的。在最坏的情况下，一组专利申请可能都不被允许，也就是说没有一项专利被授予，而这些申请中所包含的信息被公开给所有竞争对手看。强烈奉劝读者，在提交或办理专利申请时一定要聘用专利从业人员。

考虑到这一点，现在是执行如下两项任务的时候了：

1）聘请将会提供所需法律专业知识的专利从业人员。

2）评审整个专利战略，包括将提交哪些申请，并确定这些申请是否必须同时提交，或者是否可以或应当按序提交。

可以与专利律师一起进行此项评审，如果你的公司愿意且能够为此服务给他支付费用并且他愿意且能够协助进行此项检查的话。请记住，律师通常是法律专家而不是技术专家。如果律师具有相关领域的知识，那么使用他的技能肯定会有意义。否则，该项评审可以在管理人员、专利工程师和技术团队成员多方参与下进行。开始申请后，再考虑另外的申请可能就为时已晚。在这点上，专利从业者也可以告诉你是否需要另外的申请。

七、临时申请

现在需要处理的另一个问题是提交临时专利申请还是提交实际（非临时）申请。一般来说，提交非临时申请比较好。但是，也有时间条件这样做的情况。例如，如果产品在短短几天内就要被公开，则不可能制定出适当的专利战略并且撰写包括权利要求的所有申请。

在这种情况下，可以提交缺少权利要求的临时申请。临时申请必须包括随后提交非临时申请所需的并且能够支持权利要求的所有公开内容。此外，单件临时申请最终可能会导致许多非临时申请。没有必要拥有与最终申请一样多的临时申请。请记住，正如权利要求中限定的那样，专利申请限于每件申请一项发明。由于临时申请可以没有权利要求，因此它没有限定任何特定的发明，而只是描述解决的问题及其技术方案。

　　提交临时申请有几个不利的方面。首先是会产生额外的费用，包括申请费和法律费用。实际申请必须在提交临时申请后一年内提交，否则会丧失提交申请的权力。临时申请常常写得很匆忙，可能未包括要提交的完整或正确的公开内容。因此，它们可能构成会对实际或后续申请造成障碍的公开。然而，在某些情况下，它们会是有价值的，特别是在时间很短的时候。

　　律师完成了他认为满足程序要求且得到他能获得的最佳专利保护所必需的修改之后，就会提交申请。现在你能做的只有等待，等待专利局的答复。这种答复被称为审查意见。提交申请之后 18 个月，申请被公开。在某些情况下，专利申请可能会在比申请公开所需时间更短的时间内通过专利局的相关流程办理。这种情况是不太常见的。大多数情况下，在专利申请被公开之后很久才会出现第一次审查意见。

八、审查意见

　　最终，申请人会收到专利局的审查意见。专利局的答复大体上可分为三种类型。一种可能的答复是，审查员检索了文献，没有发现任何读于（read on）申请中的权利要求的内容，并且授权了专利申请。第二种可能的答复是，审查员发现了他所称的"相关技术"，其本身或者与其他相关技术结合起来，使所提出的发明由于显而易见或缺乏新颖性而不能获得专利。第三种答复是，审查员发现了申请的程序问题，在进行检索之前必须解决这些问题。

　　如果专利申请要向前推进，这些审查意见中的每一种都要求申请人在规定的时间内采取适当的行动。申请人将收到专利局做出的审查意见通知书。另外，可以在专利局网站（www. uspto. gov）的"专利申请与信息检索"（Patent Application and Information Retrieval，PAIR）部分中追踪该文件。PAIR 在专利申请公开之前向专利从业人员提供申请信息，在公布之后向公众提供申请信息。让我们首先讨论一下在收到授权审查意见（office action allowance）时应该采取的行动。

　　授权可能是第一次审查意见的一部分，也可能是在申请人答复先前的审查意见后收到的审查意见的一部分。发出授权通知后，申请人必须支付颁证费，我们将在后面的章节中对此进行讨论。在专利真正颁发之前，申请人可以使用目前撰写的公开来提交附加申请（称为延续案或分案），也可以使用增加了其他信息的公开来提交附加申请（称为部分延续案）。

　　尽管检查每一项授权专利是否有这样的机会是值得的，但在收到第一次审查意见授权（first office action allowance）时这样做尤其重要，因为这种授权表明审查员没有发现任何读于（read on）所提出的权利要求的内容，而且有可能有更宽广的覆盖。这样的附加申请被视为新的专利申请，因此对本公开的修改是可以接受的。

提交继续申请或部分继续申请的风险在于可能需要与专利局争论才能获得专利授权。申请人应当记住，如果专利所有人选择针对侵权公司主张该专利权，那么在办理期间提供给专利局的信息将成为辩护律师可以得到的文件历史（file history）的一部分。申请人与审查员之间争论的一切都会成为文件历史的一部分。第一次授权审查意见在该文件历史中的信息最少。提交继续申请或部分继续申请会导致产生大量文件历史，而这些文件历史可被用于限制授权专利的范围甚至合法性。

与此相反，通常的情况是，审查员会决定驳回专利申请。在其驳回意见中，他会说明理由。这些理由可能包括形式缺陷。更常见的是，驳回是基于对与申请中的权利要求相关的现有技术检索的分析。

应当指出，尽管申请人在提交申请之前已经进行了新颖性或专利性检索，并且可能已经在其公开说明书中引用并讨论了他的检索结果，但是不可能完全预测审查员将会引用什么文献或审查员将会提出什么论点。在制定专利战略和撰写公开内容时，必须相当认真周到。申请人不会得到所有申请的专利授权，除非申请受到狭窄的限制或是在一个利益极其有限的范围以至于申请的利益或价值往往微不足道。

审查员可能会找到直接读于（read on）本申请中所提出的权利要求的专利。假设申请人同意审查员的意见，他可以提出修改后的权利要求，或者断定可能获得的任何权利要求的价值都很有限，因此不值得进一步办理本申请。如果选择了后一种路径，申请人就不会对该审查意见做出答复。

在经过一段规定的时间后，该申请将被视为放弃。应当指出，放弃的申请已经被公开，并且构成了未来在该领域寻求的替代专利的在先公开。在某些情况下，审查员可能会指出，他驳回独立权利要求，但是他会授权某些从属权利要求，前提是将这些从属权利要求进行改写使其成为独立权利要求。

如果向专利局重新提交一件具有一组经过修改的需要额外检索的权利要求的专利申请，审查员可能会用所谓的"最终驳回"来驳回该申请。然而，"最终"并非像我们大多数人理解的那样意指终结。相反，它意味着申请人必须提交"延续审查请求"（RCE）并支付RCE申请费，以使该申请的办理得以继续。

或者，审查员可能发现，在他看来，可以将多项现有技术以某种方式组合起来从而使所提出的发明显而易见。应当注意，所用的现有技术不必在所提出发明的领域内，甚至每项提出的技术也不必在相同的领域内。此外，对可以组合的相关技术的件数也没有限制。

如同在单件相关技术的情况下，如果引用的技术按审查员所示的方式结合在一起的话，申请人可以断定权利要求是显而易见的。然后申请人可以更改权利要求或决定不再继续进行该申请。或者，申请人可以论证，相关技术并没有预见到所提出的发明或使其显而易见。这一点可以通过表明一级引文（primary citation）没有描述权利要求中的所有内容来实现。也可以表明没有合乎逻辑的原因来将所引用的多项单独的技术结合在一起。当引用的文献来自不同的领域并且没有将它们结合在一起的历史时，这样做会是特别有成效的。

当审查员引用的技术反向教导所提出的发明，即所引用的技术声称会出现一些其他效果或者不会出现所提出的发明时，是特别有价值的。这无疑是该发明具有非显而易见性的一个强力论据。

应当注意，申请人仅仅争辩说在引用的技术中所列出的发明人是在解决不同的问题是不够的。如果解决目前问题的技术方案是文献中固有的，则所提出的发明是显而易见的，将不会被授予专利。申请人必须指出的是，所引用的技术既不能单独地也不能与其他引用的技术结合在一起教导所提出的发明，并且所引用的技术不会导致所提出的发明。或者，也可以争辩说，没有理由像审查员所建议的那样将引用的技术结合起来。更好的情况是，存在的现有技术教导说，将现有技术的特征结合起来并不会起作用，或者用专利用语来说，"反向教导本发明"。

审查员可以接受或驳回申请人所提出的论点。即使他接受这些论点，他也可以基于相同的或另外的技术提出新的论点。还应当记住，随着论点的提出，可检索的文件历史也正被创建。提醒读者，要注意所论述的内容。即使审查员驳回了一些特定论点，但最终颁发了专利，被驳回的论点仍然是文件历史的一部分，并且可以在法庭上使用。

经常出现这样的情况，即书面通信的局限会导致专利申请难以得到授权。这可能是由于审查员未完全理解发明，或者申请人未准确地理解审查员驳回的内容。有时交谈可以克服这些障碍。讨论申请的过程称为与审查员面谈，可以通过电话进行，也可以当面进行。与审查员的面谈将会成为文件历史的一部分。如果其他一切手段都失败了，并且申请人对于审查员出错的原因有确凿的理由，且该技术的专利具有足够大的价值，申请人可以对审查员的驳回提出上诉。

处理审查意见可能会导致审查员不授予专利，但也不会驳回申请。这通常是因为申请的程序问题。也许其中最常见的是审查员认为权利要求代表了多项可以独立实施的发明。审查意见包括一项"限制要求"（restriction requirement），要求申请人选择首先要办理的权利要求，允许随后办理其余的权利要求。这被称为分案，单个申请可能会产生多个分案。应当注意，审查员在此时并未对提出的任何一项权利要求的专利性做出评价意见。

分案申请会增加法律费用和申请费用，收到"限制要求"的可能性和提交分案申请的需要应当作为每件申请只允许有一项发明的提醒信号。在设计和实施专利战略时对此应当牢记于心。尤其重要的是，所提出的发明的可专利方面被合适的专利申请适当地覆盖以保护该技术，而没有使这种必要的专利申请成为案件成功办理的所需必要公开，但却成为另一申请的过早公开。在提交申请之前制定你的策略，以最大限度地提高你拥有问题的能力！

当权利要求没有得到公开说明书的明确支持时，会发生另一种常见的对申请的驳回。专利是非常具体的法律文件，每一项权利要求的每个方面都必须在公开说明书中描述。例如，描述需要压力为 40 ~ 50kPa 的过程，然后就试图要求保护 43 ~ 46kPa 的压力范围，如果后一范围未在公开说明书中明确陈述的话，这样是不够充分的。为了防止这种情况的发生，许多专利从业人员会将实际的权利要求复制到公开说明书中，并以充分的解释来扩充所复制的权利要求的周围语言，以支持这些权利要求。

本章无意成为一篇如何办理专利申请的论文。要做到这一点，需要详细了解专利法和程序。提供成功办理专利申请所需的纵深知识肯定是超出了本书的范围。相反，本章旨在让技术读者了解办理专利申请需要什么。成功办理通常需要法律专家与技术专家之间的密切合作，技术专家可以领会审查员提出的具体论点。此外，办理专利申请时应当考虑到，最终是为了对侵权嫌疑人主张所获得的专利。换言之，如果权利要求可以很容易地被没有经过特殊培训的普通公民理解，则是有利的。这并不是总能做到的。但请记住，有可能在某个时候需要能够向 12 位普通人❷解释权利要求的含义，做到这一点肯定会产生更强有力的专利。在办理期间需要法律和技术专家之间的良好团队合作。

九、放弃申请

让我们通过讨论何时应当停止专利申请的办理来结束本章。事实上，不管你如何恰当地限定了申请中解决的问题、讨论其技术方案并进行了现有技术检索，并不是你申请的每项专利都会被授权。你应当能获得大约四分之三的申请的授权。有一些关于太多或太少专利申请得到授权的警告性提示。如果你的业绩不到一半，那么你除了浪费大量时间和金钱外，还做了一些错事。

一般来说，低成功率源于没有正确地进行背景检索，导致审查员找到了在你的申请中没有进行恰当讨论的相关现有技术。然而，还有许多其他会导致成

---

❷ 美国的 12 人陪审制度。——译者注

功率低的原因。建议你仔细阅读审查员的审查意见中的驳回理由。你可能需要与你的法律专家一起对这些驳回理由进行研究，因为它们可能包含微妙之处，需要在专利法方面受过教育的人来进行解释。可以说，适当的纠正措施应该能够显著地提高你的成功率。

利用恰当制定的专利战略，本书作者获得了很高的成功率，尽管那些申请是提交在电子照相领域——该领域大约有 80 年的历史，并且具有重大的商业价值（也就是说，许多竞争公司多年来在研发中投入了大量资金并提交了无数的专利申请）。如果你想取得成功，必须正确地定义问题和技术方案，并且必须进行彻底的背景检索。为了保护你的知识财产和你公司控制市场的能力并且成为市场领导者，至关重要的是拥有问题，而不是仅仅拥有特定问题的特定技术方案。

如果你的成功率太高——大概超过 90%，也应当小心一点。有可能你找到了新技术中的金矿，你应当沿着你追求的路径继续前进。但是，你也有可能将你的权利要求撰写得太"紧"，实际上将你的专利限制得远远超过了需要限定的程度。或者，你有可能正在重要性不大、商业价值较小的空白处提交申请。在这两种情况下，你正在构建的专利组合都将是花费大而商业价值很小的。

现在让我们来考虑一下某人的情况，他没有任何其他专利，有了想要申请专利的想法。他撰写了他的描述并找到了合格的法律顾问，然后由法律顾问提交了专利申请。然后申请人等待，直到收到审查意见通知书——非最终驳回。申请人对驳回意见做出答复，有可能修改或限制权利要求，或者与审查员辩论。

审查员再次驳回申请，这一次给予了最终驳回。申请人再次答复审查意见，请求 RCE（继续审查请求），支付 RCE 费用，并等待。结果他再次遭到驳回。申请人预约与审查员交谈，以专利术语来说，就是与审查员面谈，试图解释他的发明并更全面地了解审查员的驳回依据。然后他提交了另一份 RCE。

在等待之后，再次遭到驳回。此时申请人无处可去。他可以对驳回提出上诉，但要花费很多钱。他可以继续沿着要求 RCE 的路径走下去，但这不仅要花钱，而且对于每个 RCE，申请人都很可能会缩小他的权利要求范围并形成不断增多的文件记录（paper trail）；如果他获得了专利并且决定对侵权嫌疑人主张该专利，这些文件记录将会被用来攻击该专利。

有一天，申请人查看了试图获得专利所涉及的成本和时间，并且考虑到不断缩小的覆盖范围，由此断定从可能获得的任何专利中所能得到的利益根本无法弥补所付出的努力。此时，他停止了对审查意见的答复，最终，专利局将该申请列为"放弃——未答复审查意见"。

当申请是专利组合的一部分时，放弃申请的决定更加复杂。专利组合可能包括你公司目前拥有的专利以及其他未来的专利申请。除了办理单个专利申请所涉及的所有问题外，当有完整的专利组合时，还有其他一些问题。具体来说，形成的文件记录可用来限制甚至无效掉现有的专利或申请。请记住，你与审查员之间的所有通信都会成为公开的记录。在诉讼中，对方辩护律师可以使用该记录来反驳你的专利。更糟糕的是，你可能会被对方辩护律师传唤到证人席并要求详细说明你在办理期间所提出的意见。

如果审查员引用属于另一家公司的专利作为现有技术，你可以猛烈地抨击所引用技术的含义，并解释该技术为何独自或与其他技术结合起来都未教导你的当前发明。当引用的现有技术包括属于你公司的专利时，最好是设法限制申请中的权利要求。

关于是否放弃申请的决定的意义超越了正在考虑的申请的价值。未能获得专利来保护你的技术的某些方面显然是不妙的。但是，你还必须根据申请对专利组合的价值的影响来考虑继续办理或放弃该申请的影响。应当记住，如果该申请只是专利组合的一部分的话，未能成功办理申请并不是灾难性的。此外，在与审查员就为什么应当授予专利进行辩论与这样的辩论对该特定申请（如果最终得到授权的话）和作为你的总体专利组合的一部分的相关申请的范围和有效性（validity）造成的限制之间存在一种平衡。还应当记住，尽管你未能获得某项专利，但是使你的大部分申请得到授权，你仍然可以控制问题。此外，因为被驳回的申请已成为现有技术，所以其中包含的信息可有效地阻止竞争对手获得对所解决的特定问题的专利覆盖。被驳回的专利申请可能并不是完全损失。

要考虑的最后一个因素是所谓的"颠覆性技术"，即非常迅速发生的革命性变化，是否已经使你试图申请专利的技术过时了。在我们快速变化的世界中，这种情况比以往任何时候都更有可能发生。这样的例子包括软盘发展为拇指驱动器（thumb drive）和 CD 让位于 DVD。办理专利申请通常需要数年时间才能成功。在此期间，你公司提交专利申请的重大技术进步有可能不再适用于市场。如果将要发生这种情况，就值得检查一下你已经提交的申请，看看它们是否仍然反映有用的技术，或它们是否已经变得过时、没有价值、应当被放弃。无论如何，是时候开始拥有新的问题了。

参考文献

1. http：//www.uspto.gov/patents/process/index.jsp.

2. http：//www.uspto.gov/.

3. B. R. Hantke, M. E. DeVecchis, and D. M. Eggert, U. S. Patent D654,341 (2012).

第 **8** 章
通过专利工程控制专利组合的构建和维持费用

任何有价值的东西都不是免费的，这一观念完全适用于专利组合的构建和维持。构建好的专利组合可能是昂贵的；然而，没有坚实的专利组合的代价可能会远远超过拥有坚实的专利组合的费用。此外，通过恰当地设计聚焦于拥有问题的专利战略而不是简单地生成不相关专利的随机集合，可以大大降低构建专利组合的总费用。在本章中，我们将讨论在美国拥有坚实的专利组合实际上要花费多少。在下一章中将讨论国外申请、它们的相关费用，以及很多可以节省大量费用、同时又为你的公司构建强固的国际专利组合的方法。

费用可以分为三大类。第一类包括聘用专利从业人员所发生的法律费用。第二类包括你的技术人员花费在专利申请的生成和办理上的时间。第三类涉及美国专利商标局收取的费用。

一、法律费用

让我们首先讨论法律费用。典型的律师费差异很大，但是在撰写本文时，每小时 350 ~ 450 美元并不少见。专利代理人的收费较低，每小时 250 ~ 350 美元。一些律师事务所还为他们的专利律师助理单独收费，每小时 100 ~ 200 美元。专利律师助理是法律工作人员不可或缺的一部分，如果你不直接给他们付费的话，你可以按律师费的一部分为他们的服务支付费用。

如果一名律师花一天八个小时与发明人讨论发明，再花一天八小时写申请，并且假设在致力于这项技术的工程师检查草案后不需要修改，如果每小时的收费为 350 美元，则单案的法律费用可能已经是 5600 美元。如果有多个完全不同的申请，则费用将乘以申请的数目。并且，这里假设不需要对草案进行修改。另外还假设律师不必进行现有技术检索，因为发明人已经充分地完成了现有技术检索。这一点特别重要，因为它减少了在律师开始起草申请后为了适应现有技术检索结果必须重新设计专利组合的可能性。

对申请进行修改通常是必要的，但不幸的是，往往没有进行修改。这通常是因为开发这项技术的工程师既没有时间也没有意愿来仔细阅读专利申请中的法律措辞。结果，所提交的申请和所获得的专利常常包含错误，例如对发明的描述不准确，从而导致错误或不适当的权利要求。最终，尽管花了费用，但为你公司提供的专利保护可能非常有限，远远低于所希望或可获得的程度。

好消息是，只要通过实践本书提出的思想，法律费用就可以大幅度降低，同时专利组合的质量也可以大大地改善。首先，通过撰写包括问题的描述、问题的解决方式和对现有技术检索结果分析的详尽的技术公开说明书，以及与专利从业人员紧密合作来起草权利要求，工程团队可以准确地描写问题、他人试图如何解决该问题、发明的新颖性，以及像权利要求所记述的那样的发明描述。这样做会大大地减少专利从业人员花费在专利申请上的时间，同时减少工程团队成员与法律团队成员之间沟通不畅或误解的可能性。这直接导致法律费用大幅下降，因为专利从业人员将能够撰写更准确、完整的申请，在撰写和提交之间需要进行很少的改变。这也可以减少技术专家和法律专家之间的误解，而这种误解可能会导致申请中的措辞不当乃至陈述错误。这些陈述可能会在申请的办理期间产生问题，因为审查员要检索现有技术而这样的申请会误导他的检索，乃至最终导致申请转到专利局不合适的部门。

使用共同公开也可以大大地减少法律费用，例如，当实施一种力求允许最终颁发专利的所有人对技术进行有效控制的专利战略时会生成共同公开。实际上，专利从业人员会检查单件有多个部分的公开说明书，这些部分描述了所解决的特定问题的各个方面，以及聚焦于这些问题的技术方案的权利要求。对于提交的每件专利申请来说，如果不是几乎相同的话，公开的大部分内容是相似的；因此，只需要专利从业人员检查、修改一次。使用共同公开还会减少与诸如绘制申请中使用的附图的项目相关的费用。❶

申请案的办理会增加法律费用，这与答复每份审查意见所需的时间成正比。幸运的是，在专利申请的办理过程中发生的法律费用通常也可以减少。例如，如果项目团队的技术成员能够对审查员引用的技术进行检查，并且以密切聚焦的方式解决审查员的疑虑或确定专利申请中那些可以绕过所引用技术的技术特征，专利从业人员在收到技术团队成员的意见后，只需确保答复的适当性

---

❶ 尽管希望发明人提供所需附图的适当草图，但所有这些附图的最终设计和格式必须符合专利局的要求。因此，律师常常与熟悉专利局要求的绘图员签订合同来绘制申请中提交的附图。

（关于审查员需要的具体答复的法律问题）。这可以进一步减少法律代表所花费的时间。此外，如果已经提交了使用共同公开的多件申请，审查员给予各案的审查意见（各申请有可能被分配给不同的审查员）就很可能是相似的，并且涉及类似的现有技术。这种情况允许使用一致的答复。

二、间接费用

提交和办理专利申请中的第二类费用包括与将技术团队成员设计产品的主要责任转移相关的间接费用。工程师们并不便宜，将他们的时间从分配的项目中转移出去可能会很昂贵。糟糕的是，即使生成单独的一件专利申请，也常常需要该申请中的所有发明人的关注。更糟糕的是，花费在准备和办理专利申请上的时间可能会导致产品推出的延迟。很明显，时间是一个必须仔细管理的因素。有可能做到完成设计专利战略和提交、办理所产生的专利申请所必需的一切，而又没有过分地影响项目团队成员在此项工作中花费的时间吗？答案是肯定的，但这可能会涉及专利工程师的使用。

第 11 章将详细讨论专利工程师的作用和价值。然而，专利工程师的一种作用是降低获得专利的费用同时增加所授予专利的价值，因此在当前的语境中对此先进行部分讨论是有益的。专利工程师是对正在开发的、用于当前项目的技术有深入了解的人。他在这一领域的知识一般是足够的，因此他对该项目有重大的技术贡献或可以做出重大的技术贡献。此外，专利工程师必须具备扎实的专利法工作知识，尽管他不需要接受作为专利代理人或律师正式的培训。

专利工程师在工业环境中的作用包括确定与项目相关的具体发明。这包括与项目团队成员进行讨论以确定已经产生了什么发明，并与发明人讨论这些发明来至少先确定独立权利要求。之后，专利工程师可以向专利从业人员建议权利要求用语、进行文献检索，并制定专利战略，扩大专利组合为公司提供的保护。这些工作将使工程团队腾出时间来致力于项目，而不是从事专利工作，并会大大降低法律费用。完成这些工作后，可以将信息转给专利从业人员，以完成申请文件、与发明人一起进行最终检查并提交。

专利工程师所处的位置也有助于构建对审查意见的答复。同样，这样的答复也会包括项目团队成员的时间和专利从业人员的时间，但通过聘用专利工程师可以使法律时间减少，答复也更加有针对性。很明显，专利工程师可以大大提高获得专利的效率，同时控制专利申请的生成和办理费用。或许更为恰当的是提出以下问题：如果你的市场优势因为你选择不保护你公司花费这么多开发的技术而被削弱的话，你的公司将会付出什么代价。

三、专利局收取的费用

第三类费用包括美国专利商标局收取的费用。与法律和工程费用相比，美国专利商标局收取的强制性费用不受规模经济或范围经济的影响，且不能简单地减少。然而，申请人可能会做出某些决定或选择某些行动方案，而这些决定或方案可能会增加强制性费用。本章稍后将对此进行讨论，并为申请人提供大大地控制这些费用的机会。USPTO 在其网站（http：//www. uspto. gov/learning – and – resources/fees – and – payment /uspto – fee – schedule#Patent% 20Fees）上公布了目前的费用结构。所有可想象到的都有各自的收费，或许有几个项目会超出人们的想象。然而，即便如此，明智的选择也会有助于控制这些费用。让我们更具体地讨论这一主题。我们将首先考虑一下哪些费用是不可避免的。

截至 2015 年，以电子方式提交的实用专利的基本申请费为 280 美元。实用专利检索费为 600 美元，实用专利审查费为 720 美元，实用专利颁证费为 960 美元。这些费用总共是 2560 美元。如果一切顺利，这就是你公司为了一件实用专利将向政府支付的费用。

专利颁发后，还有额外的费用。例如，有三笔维持费或更新费。❷ 如果专利未得到维持，它就变成公共财产。第一笔维持费在专利颁发后三年半到期，为 1600 美元。第二笔维持费在七年半到期，为 3600 美元。第三笔维持费是在十一年半到期，为 7400 美元。没错，专利自申请日起 20 年内有效，但是你必须向政府支付专利维持费。

关于是否支付即将到来的维持费这一决定是基于商业的考虑。专利的价值不在于它是否保护一项全新的技术，而在于另一家公司是否需要该特定的专利技术。在多数情况下，对于产品营销至关重要的是相对较小的技术进步，而不是产品所基于的基本技术。

在决定是否支付维持费时应当提出的问题是，世界是否已经摆脱了该技术，例如 Beta Max❸ 败给了 VHS❹，而由于可记录 DVD❺ 的出现，VHS 变得过时。此外，还应当考虑是否存在同样可行的完成任务的方法。

另一个问题是，另一家公司，不论是已经存在的老牌公司还是初创公司，是否会有兴趣实施该技术。最后，确定权利要求是否超出了你公司正在生产的

---

❷ 提醒读者，费用是由 USPTO 按期收取的。未支付即将到来的维持费将会导致失掉实施你的发明的排他权。

❸ Beta 制大尺寸磁带录像系统。——译者注

❹ 家用录像系统。——译者注

❺ 数字化视频光盘。——译者注

特定产品的范围，以致它们在看似不相关的业务领域具有应用。所有这些问题都在体现这样一个基本问题：另一家公司因为需要实施你的发明，它必须通过许可费或者在某些情况下因侵权而判定的法律损害赔偿向你的公司支付费用吗？

应当牢记，从专利申请的提交到专利的颁发通常需要几年的时间。如果我们假定申请处理时间为两年，这就意味着第一次更新是在申请首次提交后 5.5 年。在第一次更新时评估专利的价值仍然为时过早，不能完全估计出专利的价值，因此建议申请人支付第一笔维持费，并且应当自动地将它加到申请费用中。在第三笔也就是最昂贵的维持费到期的时候（专利颁发之后 11.5 年），通常可以确定专利技术是否已经变得过时。第二笔维持费（专利颁发之后 7.5 年到期）通常最难以评价。如果另一家公司为了使用该专利将要向你支付许可费，就应当维持该专利，这是显而易见的。同样，如果有人询问关于该技术的许可之事，或者如果你的公司正在主张该专利，则应当支付维持费。

为了估算费用，应当假定将支付第一笔和第二笔维持费（合计 5200 美元）。到目前为止，加上前面讨论的 2560 美元费用，单件实用专利的费用至少是 7760 美元。显然，多项专利只是会导致该费用乘以相关专利的数量。也就是说，并不存在规模经济。

四、可以避免的费用

到目前为止，讨论聚焦在将会被收取的费用上。此外，还有一些可能但不一定发生的费用。例如，如果响应于第一次审查意见通知书对申请的驳回意见，申请人通过修改至少某些权利要求来答复，则很可能需要审查员进行新的检索。结果，很可能会给予所谓的"最终驳回"。然而，术语"最终"并不意味着申请的终结。相反，在提交继续审查请求（Request for Continued Examination）即 RCE 之后，美国专利商标局会继续审查该专利申请。对于第一次 RCE，费用是 1200 美元。如果提交了额外的 RCE，每个随后的 RCE 都会增加 1700 美元的费用。在专利申请的办理过程中，很可能会提交至少一次 RCE。

上诉会迅速给专利申请的办理增加大量的费用。费用包括申请费、法律费用，当然还有项目研发团队成员所花费的时间和精力。在上诉之前行使一些包括与审查员进行会谈在内的可选项在成本上往往（但并非总是）更合算。或许这是一种过于简单的陈述，但一般来说，公司提交构成保护私有技术的有效战略的多件专利申请比对非必要专利申请提出上诉要好。公司应当认识到，尽管在提交申请之前已尽心尽力并进行了检索，但公司的所有申请都被授予专利是不太可能的。即使公司提交的申请非常保守、狭窄，情况依然如此。如前所述，过于狭窄和/或保守的方式一般是不明智的，不仅使公司面临专利保护不够的状况，而且也不能保证所提交的专利申请会最终得到授权。

在专利申请的办理期间还会发生额外的费用。例如，让我们看看修改权利要求会如何影响费用。如前所述，发明人身份是一个法律概念，其要求个人必须对专利的至少一项权利要求做出创造性贡献才能被视为发明人。现在让我们假设，在申请的办理期间，在第一次审查意见当中或者之后，审查员驳回了一些权利要求，而所提出的发明人当中的一个人碰巧对这些权利要求做出了这样的贡献。该人不再是发明人，按照法律必须将其从发明人列表中除去。相反，有可能在第一次审查意见之后将其他的权利要求添加到申请中，这会导致一个或多个其他发明人被列入名单。在这两种情况下，都需要改正发明人名单。在第一次审查意见之后因修改这样的名单而收取的费用是 600 美元。对于将个人错误地列为发明人的处罚是，如果遭到挑战，该专利会被认为是无效的。

下一组对申请人收取的费用源于申请人所做的选择。例如，冗长也会招致额外的费用，因为超过 100 页的申请都要收取每 50 页 400 美元的额外费用。申请人应当仔细检查这样长的申请。应当牢记，所公开的信息应当直接涉及所提出的权利要求，或者至少应当直接涉及可以导致替代权利要求的信息，以应对所提出的权利要求被驳回的情况。漫谈式的讨论不但会增加申请的费用，而且会阻碍随着技术进步未来获得专利保护的能力。

权利要求太多也会增加申请的费用。如果独立权利要求超过三项，就会增加 420 美元的申请费用。类似地，如果权利要求多于 20 项，则对每项权利要求要收取 80 美元的额外费用。另外，包含很多项权利要求会增加审查员认为这些权利要求构成了一个以上的发明并且需要分案的可能性。[6] 建议将权利要求随专利战略的演进来分布，这样每个申请案就都不会有太多的权利要求。如果这是不可行的，则或许值得在说明书中包括这些材料，以便在原始权利要求被以充分理由驳回的情况下可以在第一次审查意见之后撰写替代的、限制更小范围的权利要求。实质上，申请人应当努力获得范围可能最为宽广的权利要求，并在申请书中留下可以支持额外的、范围狭窄的权利要求的信息，以便在必要时有回旋的余地。

使用临时申请会增加费用，因为要收取 260 美元的费用，如果申请不超过

---

[6] 提醒读者，决定办理分案除了费用外还会招致风险，因为这创建了第二文件历史（second file history），你主张第一专利（the first patent）时的被告可以查看第二文件历史。然而，明智地使用分案专利可以强化你的专利组合，当然这取决于所获得的覆盖范围。建议你与专利从业人员就提交分案进行讨论。

100 页的话。在超过 100 页的情况下，每超过 50 页收取 400 美元的额外费用。这是对真正的实用专利申请收取的费用之外的费用，而真正的实用专利申请无论如何最终都是必须提交的。将临时申请的使用限制在绝对必要的情况下，例如，一项技术在几天内就要被公开，并且没有足够的时间来提出一套好的权利要求时，是节省资金的好方法。提交临时申请还有其他风险。通常情况下，权利要求是专利申请中首先撰写的部分，以便可以撰写其余的公开内容来支持权利要求。在临时申请中，权利要求通常会被省略，因此申请人没有这种有利条件。因此，临时申请可能会泄露太多与最终申请无直接关系的信息，从而使未来的申请更加困难。另外，可能没有足够的公开内容来支持最终希望提交的权利要求。这可能会使得获得想要的专利保护更加困难。

这些情况大部分可以通过在提交申请之前制定适当的专利战略来避免。尽管多个不同的申请会使申请费用更多，但法律费用会减少，并且可以避免不必要的费用。

最后，还有由申请人的错误造成的费用。如果错过了专利局规定的最后期限，将会导致要么必须交费要么申请被放弃。例如，如果申请人错过了对审查意见答复的最后期限，申请人必须支付的费用为 200 美元（在第一个月内）至 3000 美元（如果在第五个月内支付的话）。如果专利中的错误是申请人的过错的话，修改专利中的错误的修改证书（Certificate of correction）需要支付 100 美元的费用，在每个到期日之后的六个月内，逾期支付维持费将导致 160 美元的附加费。所收取的用以改正发明人身份的处理费为 130 美元。作者见过如下情况：发明人在申请上签了字，表明一切正确，但是把他们自己的名字拼写错了。这仅仅是所发生错误当中的几种错误，申请人为了改正这些错误都需要支付费用。

附加费的清单很长，而且大部分是由处理特定法律问题引起的。这超出了本书的范围，因为这需要广泛的法律讨论来深入研究这些问题。对于这些问题中的一些问题，估计费用很可能会超过 1 万美元。如果用心制定专利战略，则许多问题，即使不是大多数问题，也都可以避免。事先良好的规划，不仅会获得更好的专利组合，而且会大大降低获得专利组合的费用。

第 *9* 章
全球经济中的专利工程

到目前为止，在本书中我们已经讨论了专利工程过程中的前三个关键步骤——识别出重要问题、设计"拥有问题"的专利组合并有效地生成这些专利申请。这些步骤定义了你要申请什么样的专利。既然你已决定了要申请什么，那么你必须决定在哪里申请及其原因。正如你将要发现的那样，这些决定可能是你在专利工程过程中将要面临的耗时最多、花费可能最大的决定。

没有专利会在全世界范围内阻止你的竞争对手。虽然有国际专利申请，但没有国际专利。一项专利可覆盖的最大范围是一组密切相关的国家，例如缔结《欧洲专利公约（European Patent Convention）》[1]的 38 个成员国。还有由 19 个非洲国家组成的"非洲地区知识产权组织[2]（ARIPO）"和由 6 个海湾国家组成的"海湾合作委员会专利局[3]（GCCPO）"。"管辖区域"是任何一个特定专利局的地理范围。应当注意，通过这些组织授予的专利不是可集中执行的。相反，必须根据专利所有人希望在其中获得损害赔偿的那些国家的法律，在各个国家进行主张。为了有效地拥有问题，请考虑那些你或竞争对手在其中制造、运输或销售产品的国家/地区的专利覆盖，或者那些你或竞争对手从其或在其中提供服务的国家/地区的专利覆盖。

一、构建国际组合的情况

对于大型、繁荣的跨国公司来说，获得并维持国际专利组合似乎是唯一的行动方针。然而，那些位于美国、欧盟、日本、韩国或中国等主要市场的小型、资金紧张的公司可能会问为什么他们应当在其原籍国以外申请专利。对这样的公司来说，在其本国市场成功立足也许就是成功了。

在全球经济中这种观点有点短视。在任何主要市场给客户带来新的创新不会长期不被注意。一旦被注意到，模仿者和抄袭者，即使他们不是当地市场中的直接竞争对手，就会很快地将任何成功的商业模式或产品特征引入或吸收到全球市场。过了一段时间，创新者很可能看起来像是模仿者，甚至在本国市场上也开始失去来之不易的收益。

此外，特别是与软件相关的技术，竞争对手可以通过互联网从一个你没有拥有专利的国家向你的客户出口。这可能会侵犯你的客户所在国家的专利，但可能很难追踪和阻止软件进口。例如，即用版的 LAME MP3 编码器[4]是从阿根廷分销的，而在阿根廷并没有关于所包含技术的专利。

让我们用一个假设性例子来进一步说明这一点。假设你的公司生产了一种软件产品，该软件产品主要在美国生产和销售。因此，你在美国申请了该软件的大量专利并销售该软件。假设你的公司没有在 W 国进行销售，而且在该国没有类似软件包的已知生产商，因此你的公司未在该国申请专利保护。随后出现了 F 公司，其总部和生产设施都位于 W 国。该公司是由数位企业家创立的，他们认识到你的软件的价值，并决定推出他们自己的版本，并且也在美国广泛销售。或许他们的版本有一些改进，或者他们的版本的销售报价可能会低于你公司的版本的销售价格。然而，很显然，F 公司正在使用你在美国得到专利保护的技术。让我们进一步假设 F 公司在美国没有资产。其银行业务、总部和生产设施都位于 W 国。如果 F 公司向美国出口其产品的实物版本，该产品可能会被扣留。然而，F 公司并没有这样做。相反，他们通过互联网来销售使用其软件的授权证书。

对于 F 公司侵犯你的专利所造成的损失，你的公司有何追索权？赢得侵权诉讼将会允许你的公司向侵权公司寻求金钱赔偿。然而，在当前这种情况下，如何才能获得这种损害赔偿？首先，在美国没有实体存在的情况下，进行专利主张（patent assertion）可能只是一种徒劳，因为得到损害赔偿的可能性不大，并且尝试这样做的费用很高。你的公司可以聘请具有 W 国商业法专长的律师。这可能是一条有效的途径，也可能不是。你的公司可以设法让美国政府与 W 国政府交涉，迫使 F 公司停止侵权。这种做法是值得怀疑的，虽然很多人真的会相信这种做法是富有成效的。

你的公司可能会认为，该软件包的市场并不值得保护因而放弃它。然而，另一家公司却进入了该领域，这表明仍然有很多收益可以获取。或者，你的公司可能会降低其价格并试图争夺市场份额，结果却损失了市场份额❶和利润率。

---

❶ 应当记住，从一家公司购买产品的决定绝不是仅仅由价格驱动的，而常常是由其他因素驱动的。降低价格而未能提供所需要的特征不会使你的公司保持其市场份额。

最后，你的公司可以重新审视自己的专利战略。具体来说，可能有必要开始在 W 国提交专利申请；如果 F 公司会"迁移"到其他国家的话，也有可能有必要在其他国家提交专利申请。如果从公开算起的时间没有超过各专利局容许的从公开算起的时间，就可以对你的软件产品的可专利特征提交适当的申请。

不论这是否可行，你的公司都应当仔细分析你的公司未来将进行商业化的改进或升级，以及 F 公司将会采用的以克服其产品局限的升级；并且在 W 国提交适当的专利申请。为了对 F 公司施加压力，甚至值得在 W 国构建广大的专利组合。

二、驱动国际专利申请的其他因素

在全球经济中，那些或许正在寻求获得你的专利许可的大公司会考虑你的专利组合对他们市场的影响程度或对其竞争对手的关键市场的影响程度。一家在国际上销售产品的公司会自然地认识到，在该公司产品销量占到 90% 的国家获得可执行的专利组合的许可的价值要比在该公司产品销量占到 10% 的国家获得可执行的专利组合的许可的价值更大。

另一个应考虑的因素是，拥有国际组合可以增加公司的价值。在收购过程中，其他公司即潜在收购者在确定收购价格时会同时考虑被收购公司的专利组合中的专利数量和全球覆盖范围。在本质上，在国际上提交专利申请为你的组合增加了全球覆盖范围和更多的专利。此外，如果你决定出售你的公司的话，增加公司的价值也可以减少恶意收购的机会，同时又可以增加股东的价值。

拥有国际组合可以保护你在国际市场中的地位。当竞争对手需要使用你的技术时，他们向你的公司支付专利许可费或损害赔偿以及与你的公司达成专利交换协议的额外压力将会增大。而且，如果你的公司实践本书的教导，竞争对手对于你的专利知识财产的需求将会很大。最后，国际专利组合会提高你控制竞争市场的能力。

三、构建国际组合及其风险

在多个管辖区域提交国际申请可以为你的专利组合增加相当大的价值，这是可以理解的。然而，这样做并非没有风险。

部分原因是，对于授予、执行专利和专利所有人的权利，每个管辖区域都有自己的规则。通常由政府自己来履行这一职责❷：成立专利授予机构例如本

---

❷ 如本章的前面部分所述，有几个可以代表多个国家授予专利的区域性单位。然而，即便如此，执行一般是按国进行的。

国的专利局作为接受、审查和决定是否授权或驳回专利申请的机构，以及审理由专利所有人提起的侵权指控案件的法院。中国、日本、韩国、俄罗斯、印度、巴西、以色列和美国❸均采用这样的国家专利授予机构。

尽管在一些情况下政府会同意承认由非政府专利授予实体例如欧洲专利局所授权的专利申请，但是这些专利一般由国家法庭使用本国法律程序来执行，而各国的法律程序因管辖区域不同而有很大的差异。任何一种全球专利战略都必然要求，一件单独的专利申请接受不止一个专利授予机构的独立审查。

每个专利授予机构都有其自身的规则和方法来判定什么是具有专利性的。此外，还有人的方面，每件专利申请都会由不同的审查员来审查，不同的审查员具有不同的背景、不同的技术和文化视角，具有一套不同的优先次序。因此，不能保证各个专利授予机构会对你的专利申请得出类似的结论。

例如，一件向第一家专利授予机构提交的专利申请，尽管顺利而没有任何意见地得到了第一家专利授予机构的授权，但是可能会被第二家专利授予机构驳回，或者只有在与第二家专利授予机构进行了数年的复杂磋商之后才得到授权。在一些管辖区域，当试图执行由第一家专利授予机构授予的专利时，第二家专利授予机构所得出的结论可能会造成复杂情况。

在这方面，可以将国际专利办理比作同时与不同对手下不同版本的国际象棋。另外，鉴于在你的专利申请中所讲的内容和专利授予机构所讲的内容不仅是公开的记录，而且还可以在线获得，这无异于和多个对手下不同版本的国际象棋；所有对手都在实时观察你的走棋和你的对手的所有反击招法，并且可以相应地调整他们自己的策略。

四、构建国际组合的成本

每个管辖区域的专利授予机构都收取自己的费用以便审查专利申请、颁发并维持专利。此外，还有与将专利申请转换成各专利授予机构优选的特定格式和翻译相关的费用，这给在多个管辖区域申请相同专利的过程增加了大量的费用。例如，中国、韩国和日本都要求将英文申请翻译成它们各自的语言。最后，在大多数管辖区域，各专利授予机构都要求专利从业人员具有特定的资格证书，并且这些资格证书一般是针对特定的管辖区域的。总的来说，在多个专利授予机构办理专利申请需要为每个管辖区域聘请并酬报不同的专利律师。

---

❸　这是一个示例性而非穷举性的列表。即使是区域性专利授权单位成员的国家一般也有他们自己的专利局。

五、构建国际组合：做出选择

前面的讨论指出，必须明智、仔细地选择在 200 多个可以提交专利申请的外国中的哪些国家提交哪些申请。这看起来是一项艰巨的挑战。然而，它并不像乍看起来那样困难。良好专利战略的目标是在控制费用的同时为知识财产提供极大的保护。为了实现这一目标，可以问一组相对简单的问题，以帮助筛选出那些应当前去申请专利的国家的名单。这些问题中的大多数是同一问题的变体；该问题可以这样来表述："如果我的竞争对手不关心特定的专利，我为什么还应在特定国家获得这些专利？"或者，"为了保护我现有的市场和我的发展计划，在哪些国家我必须拥有该发明的可执行的专利权？"

这种基于市场的分析是很重要的，因为市场保护是专利制度的目标。因此，对你的专利组合首要要做的审视可能就是识别出你的产品的关键市场，包括现在和你的专利保持有效的 20 年间的国内外市场。问问自己以下这些问题：

a. 该专利产品在一个国家有足够大的市场吗？

b. 你的产品在该国的市场有多大风险？

c. 如果该市场在该国现在还不成熟，那它什么时候成熟？

确定了你的关键市场之后，你必须解决以下关于如何在这些市场保护你的发明的问题：

a. 总的来说，该国对授予或执行专利怀有敌意吗？或者，对那些转让给外国公司的专利怀有敌意吗？

b. 当要求一个国家的法院终止专利侵权或执行专利时，能够依赖该国的法庭以可预测且公平的方式行事吗？

c. 在该国有哪些执行选项？

d. 一项专利在其有效期内在选定的国家要花费多少钱？这包括申请费和相关的费用，例如翻译费、法律费用以及维持/更新费。

这些问题是很好的评估起点。尽管如此，你可能会发现你自己的过程可能没有那么简单。今天，许多以前的发展中国家正在变得工业化，像韩国、中国、印度、巴西和许多东欧国家正成为工业强国。即使像以色列等这样的小国也维持着强大的工业经济。这些国家可能会为你的产品提供市场机会，因此，在这些国家的专利可能会成为你的国际专利组合的很重要组成部分。

在快速变化的当今世界，美国仍然是居于主导地位的工业和经济强国；它具有可靠的司法体系，且费用适中。因此，许多公司在美国为其技术申请专利，即使这些公司没有计划在美国销售或制造其产品。

对于忽视在其他国家构建专利组合的公司来说，这样的专利会特别成问题。作为例子，让我们考虑一个外国竞争对手，他在美国获得了他的具有竞争力的技术的专利，但他在美国没有开展经营活动。让我们进一步假设，如果你可以在仅在美国生产或提供销售的产品中使用该竞争对手的专利技术的某些部分，你的公司将会受益。

你有了麻烦。你的竞争对手可以自由地实施你的技术，因为你在竞争对手感兴趣的国家没有专利覆盖，而他在美国拥有专利，使你不能使用你需要的技术。他不可能与你的公司签订任何类型的专利交换协议，因为你的公司没有他需要的任何东西。如果你想要或需要他的技术，你的公司将不得不支付数目可观的专利许可费。此外，你的公司可能会受到封锁，不能从外国供应商那里获得部件，如果这些部件含有在该供应商所在国获得专利的技术或者必须通过一个在其中拥有有效专利的国家才能将这些部件出口到美国的话。

六、制造和销售因素

考虑到上述讨论，让我们考虑一下如何通过首先回答制造问题来制定国际专利战略。似乎很明显，在那些可能生产竞争产品的国家提交专利申请是值得的。但是，这样的假设可能正确，也可能不正确。应当考虑竞争对手在目标国实际上生产多少产品，以及该产品主要是在该国销售还是主要被出口。另外，是整个设备都在目标国生产，还是仅仅一个其技术已在美国获得专利的关键子系统在目标国生产？

在向一个国家提交专利申请之前，有必要确定你公司的产品在该特定国家是否有足够大的市场，如果有，那么是否在经济上值得在该国申请专利。如果竞争对手在该国生产，主要是为了出口其产品，那么还有其他的在经济上可能更有价值的选择。具体来说，可以在包含目标市场的国家提交专利申请。如果目标市场是美国，那么你的公司可能已经采取了必要措施以保护其旨在拥有问题的知识财产。另一方面，如果该特定国家内的市场足够大或者竞争对手所生产产品的相当大的一部分是供应国际市场的，那么可能需要在该国提交专利申请。

在那些不一定生产竞争产品但是作为你的产品的巨大市场的国家，提交专利申请是值得的。在有机会的地方就会出现竞争。但是，在刚刚提到的情况下，必须将产品进口到该国。如果这是许多具有相似特征（如地理位置、文化、经济结构等）且进口但不生产竞争产品的国家之一，则可以在商业瓶颈（commercial bottleneck）提交专利申请。例如，荷兰的鹿特丹港有主要的进出口设施，服务于欧洲的大部分地区。尽管荷兰本身可能只是一个相对较小的市场，但在该国申请专利往往是值得的，因为这会排除这样的产品进入荷兰的能力。通过在荷兰提交专利申请，可以在很大程度上实现目的，而不用承受在多个欧洲国家维持专利组合的费用。

在提交专利申请之前应当回答的另一个问题是，如果受让人来自另一个国家，这个国家是否对颁发专利或使颁发的专利得以执行怀有敌意。这是一个需要与精通目标国的专利法的合适的法律顾问进行讨论的话题。

还应该强调的是，与在美国的情况一样，在外国持有专利或专利族并不赋予专利权人实施专利技术的权利，也不赋予提供销售、制造、使用或进口专利技术的权利。这是因为可能存在其他法律因素，例如，存在他人拥有的在先专利，如果实施本专利发明，就会侵犯该在先专利。此外，立法或监管机构颁布的法规或者法院针对包含特定发明的产品发布的禁令都可能会阻碍专利的应用。专利仅允许专利权人阻止他人在未经其许可的情况下实施发明。

七、控制成本、调整公开内容

现在让我们探讨一下如何制定一种其成本不超过你获得的收益的国际专利战略。一般来说，像在美国的目标那样完全地拥有问题可能是没有必要的，甚至是不切实际的。相反，国际专利战略的目标应当是阻碍竞争对手蚕食受让人的市场。这是通过获得关键技术进步的专利实现的。因此，可以选择不申请使能技术的专利。另外，在制定国际专利战略时，受让人应当确定哪些技术进步是竞争对手在生产国改进其产品所需要或想得到的，这些技术进步是可以进行专利的。

讨论在美国撰写的公开说明书应当包括哪些信息时，我们指出应当删掉那些不会被提出权利要求的信息，因为包含这样的信息会阻碍未来的专利。换言之，公开内容应该紧紧关注在权利要求上。鉴于外国专利的高昂费用，包含的公开信息多于你会在美国申请中公开的，是有好处的；因为这样你有更大余地来修改权利要求从而确保得到专利。

应当认识到，修改后的权利要求可能不像原始权利要求那样范围宽，而且可能会做出不继续追求专利的决定；但是，如果这些权利要求得到公开说明书的支持的话，也有可能获得具有很大价值的权利要求。这将在下面进行更详细的讨论。

八、《专利合作条约（PCT）》与国际检索单位（ISA）

如前所述，没有所谓的国际专利。相反，专利申请应当在想要在其中得到专利保护的每个国家提交、办理。这使得具体的权利要求可以根据具体国家的法律和商业环境进行调整，而且这样做通常在成本－效果上更合算。幸运的是，《专利合作条约》（通常被称为 PCT）简化了在具体目标国提交专利申请的工作。这是 1970 年缔结的国际条约，于 1978 年 1 月生效。目前，该条约有 148 个签署国，涵盖包括美国在内的大多数工业化国家。很明显的是，阿根廷不在签约国之列。

PCT 允许以单一语言向受理局提交单一申请。这通常被称为国际申请或 PCT 申请。国际申请的提交确立了统一的优先权日；将根据该日期来确定现有技术。

提交后，PCT 专利申请被发送给国际检索单位（ISA），该单位做出检索报告和关于所提出发明的专利性的书面意见。专利性报告包括对申请的新颖性、工业适用性和创造性（非显而易见性）的评估。

ISA 检索报告包括三类引用文献。在 ISA 看来，"X" 文献是那些单独就直接读于（read upon）专利申请的文献。"Y" 文献是那些单独并不读于但是结合起来可以读于所提出发明的文献。最后一类由 "A" 文献组成，它们属于相同的总体技术领域，但是它们单独或与任何其他文献结合起来都不直接读于本发明。

申请人一般需要解决 ISA 因 "X" 和 "Y" 文献提出的问题。这往往需要修改权利要求，这就是为什么公开信息尽可能详尽是很重要的。撰写一件允许发明人修改其权利要求并且阻止他人获得竞争技术的专利同时又不公开不必要信息的申请显然是一项难以平衡的工作，需要仔细分析你公司的专利目标。公开过多信息与未充分公开的区别是非常细微的。这两种情况中的任何一种都会损害你获得所期望的专利组合的能力。最终，专利申请会被公开，申请人必须选择他希望申请专利的国家。应当注意，成文的 PCT 并没有权力决定在特定国家什么是可以获得专利的。专利性完全由申请最终被提交到的国家的法律来决定。

九、国际专利申请在拥有问题中的作用

让我们探讨一下如何制定和实施国际性地提交专利申请的战略，目的是获得旨在拥有问题的专利组合。

如在本章中先前所讨论的那样，不存在什么国际专利。当然，《专利合作条约（PCT）》简化了专利申请的国际提交。国际检索单位（ISA）的检索结果甚至可以帮助发明人调整他们的权利要求。然而，绝对的事实是，专利申请必须在发明人试图获得专利保护的每个国家提交和办理。每个国家的专利授予机构都会收取自己的办理费和维持费，而且必须聘用精通这些国家法律的律师，因此试图获得这样的专利覆盖的费用可能是天文数字。在一些国家，除了

所有的其他费用之外，实际上对每项权利要求都收取费用。

此外，尽管有国际检索单位的检索结果以及发明人解决其异议的必要性，但是向其提交申请的每个国家的专利局都会进行自己的检索和分析。同样，这些异议必须得到解决。所有这些产生了长长的文件历史（paper trail），它可能会降低已获得的专利或已提交的其他申请的价值。更糟糕的是，一些国家倾向于以令人不快的方式对待外国申请人和专利权人，据说有些国家甚至对那些试图主张专利但败诉的人进行监禁。考虑到这些因素，让我们讨论一下国际专利在专利组合中的作用以及如何用国际专利来扩充专利组合。

十、指定中心国与卫星国

让我们通过定义术语"中心国"和"卫星国"来开始该讨论。中心国是那个你选择在其中申请、获得你的旨在拥有问题的专利组合中所包含的那些专利的国家（也有可能是几个国家）。

到目前为止在此讨论中隐含的是，美国是中心国。这是通常的情况，因为美国是世界上最大的经济体。但是，并没有要求美国必须是中心国。例如，如果产品在印度制造并且主要在印度销售，那么将印度作为中心国会更有意义。如果你公司创造的技术仅适用于使用右舵的汽车，那么例如将英国指定为中心国可能是有意义的。

与中心国不同，卫星国是那些在其中非常需要专利覆盖的国家，但在这些国家中获得本书中迄今为止所讨论的深且广的覆盖既不划算也不切实际。

在制定专利战略时，有几个标准可以用来判定是否值得将一个国家视为卫星国。第一个标准是，考虑中的国家对你而言是否有足够大的市场，并且该市场对你的竞争对手也有吸引力。要考虑的第二个标准是，一个国家的制造范围如何，而不管其市场大小。例如，以色列可能是适合某些企业的卫星国，因为其高科技制造业的范围大，尽管其许多产品都是出口的。第三个考虑因素是考虑中的国家是否生产竞争产品。第四个考虑因素是一个国家是否是国际贸易的中心。如前所述，大部分进口到欧洲或穿越欧洲的货物都通过鹿特丹港进入欧洲，因此使荷兰成为有价值的卫星国，尽管其制造能力可能有限，市场规模也较小。

一个国家只要满足这些条件之一就适合作为卫星国。相反，如果这些条件都未得到满足，则可能不值得花钱、冒风险在该国提交专利申请。

那么，当涉及旨在让你的公司拥有问题的专利战略时，在卫星国获得专利的目的是什么？这样的覆盖其目的是，通过能在几个国家中的每一个国家而不是仅仅在一个国家提起诉讼来增加主张的威胁和成功主张可能带来的损害赔偿，并进一步使你的公司能够控制其产品的市场。换言之，在国际上持有专利的作用是使受让人能够通过在多个国家提起诉讼来寻求侵权人额外的损害赔偿。这不仅增加了要收取的损害赔偿金的总数，也增加了获得有利裁决的可能性，因为可以提起多个诉讼。这也增加了被指称的侵权公司的法律费用。后者可能会有助于提高目标公司寻求向受让人支付许可费的可能性，因为在多个国家进行多个费用高昂的审判会导致大量的损害赔偿，相应而生的赔偿金对于竞争对手可能太多了以至于不能接受。

既然我们已经讨论了国际性地提交专利申请的风险和益处，以及那些有助于决定在哪些国家提交申请的因素，那么让我们讨论一下应当提交什么样的申请。

专利组合中的专利或专利族的目标是防止竞争对手在你的市场中销售其产品。或者，如果你的竞争对手认为市场足够有价值的话，专利可用来迫使他们支付许可费或损害赔偿金。

要实现这些目标中的任何一个，必须抱着主张专利权的目的来撰写权利要求。例如，涉及机械设备的权利要求在法庭上比那些涉及数学算法的权利要求要容易解释。此外，专利申请应当包含那些不仅可执行而且还会导致侵权人高昂损害赔偿的权利要求。如果可能但非一定，所选择的权利要求还应当读于（read on）对于中心国的专利组合至关重要的核心技术。然而，读者在决定要提交哪些申请（即用专利覆盖保护哪些发明）时，还应当考虑在专利申请的办理过程中没有什么理由来建立那些在主张期间可用来挑战你的专利的文件历史。

如果这一章是关于为了打一场战争而分配资源，那么主要战线会发生在中心国，而那些削弱敌人所必需的次要战线应当在卫星国开打。具体来说，次要战线旨在从主要战线转移资源，并引发对蒙受更大损失的恐慌。商业世界中有如此类似之处。在许多方面，当今的全球商业环境与战争类似。当然，人们并没有被杀戮。但是，你的竞争对手正在设法抢占你的市场，甚至有可能让你公司倒闭。在当今竞争激烈的全球经济中采用必须为公司生存而战的思维方法是有意义的。

主张专利（asserting patents）要花费大量金钱并消耗大量时间和精力。如果一家公司不得不为在多个国家提起的专利主张进行辩护，该公司将承受巨大的法律费用，并将转移其国际人力来进行这种辩护。损失的风险会增加，因为该公司可能会在一个或所有的它在其中为自己辩护的国家败诉。此外，由于任何公司的资源都有限，公司常常只能通过转移对一个国家中的诉讼进行辩护所需的资源来为另一个国家中的诉讼辩护。所有这一切都给辩方公司带来了额外的风险；辩方公司可能会输掉多个诉讼，与仅在一个国家被提起专利侵权诉讼相比，可能会招致更大的费用。这增加了辩方公司诉讼和解的压力，从而使你的公司处于优势地位。

参考文献

1. http：//www. epo. org/service – support/useful – links/national – offices. html，retrieved 2015/01/10.

2. http：//www. aripo. org/.

3. http：//www. gccpo. org/，http：//www. gccpo. org/DefaultEn. aspx.

4. http：//lame. sourceforge. net/.

第 *10* 章
通过专利清查（Patent Clearance）避免侵权诉讼

新产品的推出往往使公司产生很大的忧虑。造成这种压力的许多原因在第1章中已经述及。然而，还有另一种引起忧虑的因素，那就是对于诉讼的恐惧。

在当今这个热衷于诉讼的时代，诉讼以多种方式出现。有产品责任诉讼，其产生于声称有人遭到你的产品或服务的某种伤害（无论真实与否）。有由政府机构提起的诉讼。这可能是监管行为的结果，例如，所谓的未能满足排放或安全标准。针对一些电力公司的诉讼往往属于前一类，而针对汽车公司的诉讼往往是后者的结果。还有些诉讼是出于政治动机，并且是基于新的法律概念。例如，几年前，美国许多城市对枪支制造商提起诉讼，声称销售枪支导致刑事枪击事件。此外，还有专利侵权诉讼。

专门从事专利诉讼的律师及其委托人希望从你的产品收入中获得经济利益。此外，他们还常常不仅希望要从你的公司为其委托人收取高额许可费和损害赔偿，而且还要证明你的公司故意侵犯其委托人的专利，从而使你应当给予三倍的损害赔偿。

如果你的公司已经实施了旨在拥有问题的专利策略，这可以降低来自那些与你有专利交换协议或需要你的专利技术的公司的专利侵权诉讼风险，但不能消除这种风险。专利交换或交叉许可协议所覆盖的知识财产范围常常是有限的。因此，即使有专利交换协议，一家公司也有可能侵犯另一家公司拥有的专利。此外，与你的公司达成专利交换协议的公司有可能拥有使用第三方公司的专利技术的权利，但不能将那些专利包括在任何交换协议中。而且，即使有公司需要你的技术，该公司也可能会认为，你的需求更为迫切，因此，对于该公司来说，该技术对你公司的价值大于该公司自己只需要通过签订专利交换或交又许可协议就可以获得的对你的技术使用权的价值。该公司可能会选择对你公司主张其专利，以迫使你公司给予它更有利的条件。而且，即使在两家公司在某些特定技术领域存在共生协议的情况下，管理层的决策仍然有可能使这两家公司陷于冲突。

应当注意，这样的交易可能会降低你的专利组合的价值，因为其他公司现在有权实施你的专利技术。此外，如果另一家公司也对你的知识财产拥有权利，你的专利组合对于第三方公司的价值可能会降低。在做出承诺之前，应当仔细权衡那些决定公司是否应签订专利交换协议的因素。

还有一些组织和实体，它们并不需要你的技术，但确实渴望与你分享你的收入。它们包括非营利组织，例如大学或研究机构。它们还包括一些公司，这些公司的产品不使用你的技术，甚至不与你的产品发生竞争，但是这些公司拥有你的公司可能需要的专利技术。如果这些公司认为你侵犯了其专利，这些公司可能会向你主张其专利。最后，还有非专利实施主体（NPE）。如先前的章节所述，NPE 是那些获得专利但不生产任何商品或提供服务的人或公司。NPE 通过提起专利侵权诉讼、然后和解来赚钱。NPE 不需要你的任何专利，因为 NPE 不生产任何东西，不可能侵犯你的专利。

请记住，你公司拥有的专利并不赋予你公司实施这项获得专利的发明的权利，而是赋予你公司排除他人实施这项发明的权利。然而，为了确保能够避免或赢得代价可能非常高昂的专利侵权诉讼，你公司必须做的不仅仅是拥有专利，还可以通过做出合理努力以避免侵犯他人拥有的专利来实现。通过在推出产品之前进行清查检索，可以大大降低侵犯专利的风险。

一、专利性检索与清查检索的区别

进行清查检索是为了尽量减少即将上市的产品包含侵犯另一家公司或个人所拥有的专利技术的机会。清查检索与在提交专利申请之前进行的专利性检索有很大的不同。专利性检索在某些方面更彻底，但在其他方面不那么彻底。

专利性检索聚焦于新颖性。为了具备新颖性，权利要求限定的发明不能在该权利要求的优先权日之前公开。公开的内容可以是在科学或技术论文、实际产品、书籍或者专利或专利申请中。此外，发明也不能在单个文件中被完全描述或包含在物品中。相反，如果将一系列公开内容拼凑在一起，使得所提出的发明在审查员的心目中显而易见，那么专利性就可能会受到损害。审查员和专利律师等专利专业人员倾向于优先检索专利文献，而不是其他信息源。然而，来自任何信息源的资料都适合作为现有技术。

应当注意，如果是专利文献的话，专利是被授权还是被驳回是无关紧要的，因为专利申请仍然可以成为在先公开。现有技术在专利或专利申请中的何处发现也无关紧要。它可以被发现于背景、摘要或附图。资料也许会存在于权利要求中。专利是否有法律效力、是当前的有效还是已经转入公共财产的范围，乃至专利是否被法院认定为无效，也都无关紧要。公开就是公开，而与公开的来源或公开是在哪个国家做出的无关。

当进行检索以确定所提出发明的专利性时，一般没有必要甚至不可能尝试进行完全彻底的检索。相反，专利性检索的目标是确定最接近的相关技术。这通常限于不超过大概 6 篇引文。然后可以将相关技术并入所提出的专利申请中，并且在撰写权利要求时一定要考虑到这些相关技术。你应当有充分的理由来解释为什么一项现有技术，无论单独还是与其他现有技术相结合，既没有陈述也没有在本质上包含所提出的本发明。

清查检索是大不相同的。在以前的产品中公开或使用了什么是无关紧要的。科学或技术论文或书籍中包含的信息同样也是无关紧要的。那些已过期、由于未支付维持费而失效或被宣告无效的专利中的技术公开也是无关紧要的。只有当前有效专利的权利要求才有意义，因此，只需要检索这些权利要求。

在本讨论中，"产品"是指一种供销售的物品、制品或设备，一种材料，一种方法，或一种制造出来的物件。一项权利要求可能会被一种产品侵犯。一项权利要求不会侵犯另一项权利要求，并且产品也不会被侵犯。这意味着，一种看似复制了另一种不受当前专利保护的产品的产品并不会侵犯该产品，因为只有权利要求才有可能受到侵犯。此外，如果 A 公司拥有专利，B 公司获得了对 A 公司专利产品加以改进的后续专利，则 A 公司不能宣称 B 公司的专利侵犯了 A 公司的专利。然而，B 公司可能无法生产其产品，如果其产品侵犯了 A 公司的专利的话。如前所述，专利并不赋予该专利所有人实施该专利中要求保护的发明的权利。

应当考虑的一个问题是，当进行清查检索时，除了真正有效的专利之外，是否也应该对专利申请进行检查。为了回答这一问题，读者应当认识到，专利申请中的所谓"权利要求"只不过是所提出的权利要求。最终授权的权利要求，如果有的话，可能与申请中所提出的权利要求大不相同。

专利申请的受让人对于生产会侵犯申请中所提出的权利要求的产品的公司没有追索权，因为这些权利要求此时并不处于真正的专利之中。尽管如此，专利申请很有可能最终会成为具有可执行的权利要求的专利。那时，生产该产品的公司必须获得实施所要求保护的发明的许可，要不然就立即改变其设计，以避免侵犯所授予的专利。

二、与权利要求有关的考虑

假设的权利要求：版本 1

基于这一讨论，让我们考虑一下由 B 公司提出的一种假设性的电致发光（EL）产品和一项转让给 A 公司的假设性专利。然后，我们会问 B 公司的产品是否会侵犯公司 A 的专利。该装置的设计如图 10.1 所示，由 EL 器件组成，包括聚合物基底、SiN_x（氮化硅）薄膜、阳极、有机 EL 介质、阴极和密封外壳。让我们进一步假设，转让给 A 公司的这项专利只有一项权利要求，该权利要求为：

一种电致发光（EL）器件，包括：

聚合物基底；

有机 EL 介质；

安放在所述有机 EL 介质和所述聚合物基底之间的阳极；和

邻近所述有机 EL 介质的表面安放的阴极，所述表面与邻近所述阳极的那一表面相对立。

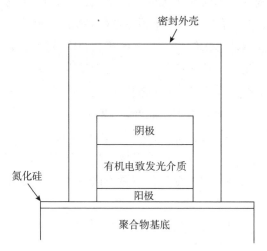

图 10.1　B 公司生产的假设性产品

　　B 公司希望生产的产品还包括位于阳极与有机 EL 介质之间的氮化硅（SiN_x）薄膜和包围整个 EL 器件的密封外壳。这后两个特征未在 A 公司的专利中公开，而且似乎具有新颖性并解决了假设性 EL 器件设计中的一些重大问题。B 公司提出的产品侵犯 A 公司的专利吗？

　　如果权利要求可以"读于"（read on）（用法律行话）产品，则说该产品侵犯了该权利要求。如果权利要求的每个要素或特征都可以在产品中找到，则该权利要求"读于"该产品。该专利要求，该器件具有聚合物基底、阳极、有机 EL 介质和阴极。这些组成部分中的每一个都存在于 B 公司的产品中，因此，该产品会侵犯该权利要求。该产品还含有 SiN_x 层和密封外壳，这一事实与侵权问题不相关。

B 公司也许能够获得对 SiN_x 层和密封外壳的专利覆盖，此时 A 公司将不能制造具有这些改进的产品。这可能会鼓励 A 公司寻求与 B 公司的专利交换协议，如果这些改进是有意义的话。有可能 B 公司将会获得实施那项转让给 A 公司的专利所要求保护的发明的权利。或者，B 公司可能会决定不生产与 A 公司竞争的产品，而是选择将其专利许可给 A 公司。最后，B 公司可能会决定重新设计其产品。例如，如果 B 公司决定使用陶瓷基底代替聚合物基底，这将不再侵犯 A 公司的专利。

假设的权利要求：版本 2

现在让我们在 A 公司的专利的权利要求中增加一个额外的短语，使其成为：

一种电致发光（EL）器件，包括：

聚合物基底；

有机 EL 介质；

安放在所述有机 EL 介质和所述聚合物基底之间的阳极；

邻近所述有机 EL 介质的表面安放的阴极，所述表面与邻近所述阳极的那一表面相对；和

密封所述阴极的环氧树脂涂层。

由于 B 公司推出的产品并不具有环氧树脂涂层，因此该产品不侵犯目前所写的专利。权利要求的每个方面都必须被实施，才能导致产品侵权；而在该具体情形中，有一个方面未被实施。

第二个版本的权利要求可能会撰写为包括环氧树脂涂层，因为为了该器件的运行，有必要密封该器件以防止空气进入。在这种情况下，B 公司可能会提出一种新的设计，该设计在没有环氧树脂涂层的情况下可以实现同样的目标。

或者，A 公司有可能最初将环氧树脂涂层包括在从属权利要求中。最初的独立权利要求可能已被驳回，A 公司或许不得不将该从属权利要求与独立权利要求合并，以使专利得到授权。如果是后一种情况，这将成为专利申请中所提出的权利要求如何变成实际授权专利中的限制性更强的权利要求的例子。

因为专利是法律文件，所以人们常常担心权利要求的词语的意思是否会与大家通常认为的一样。根据专利法，专利中所使用的词语对于本领域普通技术人员而言具有其通常含义，除非在说明书中或在专利申请的办理期间有不同的

定义。❶ 后者会出现在文件历史中，因此，尽可能拥有干净的文件历史是很重要的。文件历史中的所有内容都对公众开放。

公开说明书中的具体例子可以支持权利要求中的宽泛或一般特征。例如，如果支持 EL 器件中的环氧树脂涂层的公开说明书列出了用于制造该器件的特定环氧树脂，则对于不限定在这一特定环氧树脂的一般环氧树脂的权利要求仍然可以得到授权。作为另一个例子，如果 EL 专利申请公开了一种聚酯基材，则要求保护一种聚合物基底的权利要求仍然是有效的，因为聚酯是一种聚合物。

三、对权利要求的限制：手段 + 功能

当权利要求的要素包含所谓的"手段 + 功能"语言时，就会发生对权利要求的限制[1]。在上述第二个版本的权利要求中的特征"密封阴极的环氧树脂涂层"就是这方面的例子。在这个例子中，简单地施加环氧树脂，例如不连贯的环氧树脂小滴或区域以将电导线连接到阴极上，不会侵犯所述权利要求，因为环氧树脂（实现目标的手段）的功能是提供气密密封。只要环氧树脂涂层并非天生地达到所要求保护的结果，则将环氧树脂用于任何其他目的都不会构成侵权。

四、等同原则

即使产品没有按字面意思实施权利要求所限定的发明，也可能侵犯权利要求。如果权利要求与产品之间的差异不是实质性的，就会出现这种情况。这通常被称为"等同原则"。在我们假设的第二个版本的权利要求的情况下，如果 B 公司决定用清漆而不是环氧树脂涂覆阴极以密封阴极，A 公司的专利可能仍然会被认为受到了侵犯，即使该产品没有精确地实施权利要求所限定的发明。"等同原则"下的侵权是很不确定的灰色区域，对于两家公司来说都可能有争议并且代价高昂。

等同原则的适用性受专利申请办理期间所做的权利要求修改的限制[2]。再次提醒读者注意，在申请的办理期间最少的文件踪迹（paper trail）、在清查检索期间对文件历史（paper history）进行检索可能是必要的，这将在后面进行讨论。

---

❶ "权利要求术语的普通和习惯含义是该术语在发明时，即在专利申请的有效申请日之前，对于本领域的普通技术人员而言，会具有的含义。" *Phillips v. AWH Corp.*，415 F. 3d 13013，1313，75 US-PQ2d 1321，1326（Fed. Rich. 2005）（*en banc*），引用于 MPEP 2111. 01，III。

五、故意侵权

应当记住，清查检索的目的是降低你公司被起诉专利侵权的可能性，并增大你公司赢得针对你公司提起的专利侵权诉讼的可能性。清查检索的最终目标是尽量减少专利持有人赢得针对你公司提起的"故意侵权"❷ 诉讼的机会，因为故意侵权的代价会相当高——三倍的损害赔偿。应当认识到，尽管有你的法律顾问的调查结果和分析，但是不恰当或不利的评论或意见，特别是任何形式的书面记录，包括那些写在专利复印件上的注释，都可能会大大地削弱你的辩护。

侵权是法律问题，而非技术问题。技术人员应避免诸如"A 公司的这项专利要求保护我们正在做的东西"或"我们的产品侵犯该专利"之类的意见。同样，技术人员应避免对你的专利发表诸如"根据本专利，我们的专利是无效的"之类的评论意见。这样的判断只能由你公司雇用的、具有做出这些判断的法律专业知识和必要资格的人员来做出。此外，由你公司雇用的法律顾问做出的任何此类评论一般都受律师－委托人特权保护。❸

如果你担心侵犯专利权，并希望与你的律师对此进行讨论，你可以用诸如"让我们讨论或检查一下该专利"之类的意见来对它们进行标注。换言之，不要让你的技术人员对法律问题发表他们的外行意见。这样的错误其代价可能是非常高昂的。

六、进行清查检索

有了专利法的一定背景知识后，让我们看看在产品商业化之前需要清查什么以及应当在何时进行这样的清查。关键的词是商业化。专利清查费用昂贵且耗费时间。除非产品商业化，否则一般没有损害赔偿，专利侵权诉讼的可能性也很小。换言之，在实验室探索各种潜在的产品设计并不需要清查检索。

需要回答的三个问题是：①应当清查什么；②应当在哪些国家进行清查检索；③应当在何时进行清查检索。让我们依次回答这些问题。

---

❷ 当一家公司知道一项专利并且蓄意或有意识地侵犯该专利时，可以认为存在故意侵权。如果知道专利存在后，侵权行为继续发生，那也是故意侵权。由于这是一个法律问题，请读者向专利从业人员咨询以得到进一步说明。

❸ 应当注意，律师－委托人特权可能并不包括委托人与专利代理人之间的机密性，除非该专利代理人正在为你公司的一位签约律师而工作。在与专利代理人进行讨论之前，务必阐明这种机密性。

七、应当清查什么

关于新产品中什么需要清查的决定取决于几个因素。首先，应当询问该产品是全新的产品，还是仅仅包含了一些使老产品得到改进的新特征。一个例子是实耐宝工具公司（Snap – on Tools）设计的开口扳手，其具有表面粗糙的或锯齿状的钳口以改善对紧固件的抓握[3,4]。开口扳手已经存在很多年了，其操作是众所周知的。表面粗糙的或锯齿状的钳口是应当被清查的新特征。实耐宝工具公司已获得保护此技术的专利，但这一事实并不意味着实耐宝工具公司可以销售具有这些特征的产品。应当清查这些新特征，以确保它们不侵犯在先的专利。

如果产品已由公司生产了一段时间但现在具有了新的特征，就像在该例子中，新颖之处是开口扳手抓握螺母或螺栓能力的改进，则可能没有必要对整个产品进行清查检索。但是，应当清查这些新特征，以确保它们不侵犯其他公司拥有的专利。或者，所提出的新产品可能具有与竞争产品非常相似的特征。这些特征可能是让你的产品继续与其他公司的产品竞争所必需的。然而，这样的改进绝对应当被清查，以避免潜在的侵权。

在确定是否应当进行清查检索时，对竞争对手的产品在预期市场中的存在进行评估通常是值得的。具体来说，如果存在的竞争非常小，则似乎不值得花钱进行清查检索和评估。然而，这可能是一个错误。毕竟，如果你的公司设法在该产品上获取巨额利润，持有专利的竞争对手就很可能会设法从你这里捞到好处以使他们自己富裕。NPE 也会设法通过从你公司获取损害赔偿金或许可费来谋求利益。

如果整个产品都是新的，或者增加了新特征的产品对你公司而言是相对新的，则应当进行更全面的专利清理评估。产品很少是凭空想出来的。相反，它们通常是从先前的产品发展而来的；据此，可能会侵犯他人的专利。据此，应当提出的问题是，什么对于你公司是相对新的？修饰语"相对"是指得到了改进的、不超过几年的产品。❹ 如果某产品已上市 20 年或 25 年，则优先权日早于该产品的发布日的任何专利都可能已经期满，因而不会被侵犯。具体细节请咨询专利从业人员。

在一些情况下，与另一家公司或实体签订的损失补偿协议可能会覆盖新产

---

❹ 不可能具体地指出产品存在多长时间之后，专利清查就变得没有必要。一些技术发展迅速，所提出的改进会使产品恢复活力，要不然该产品就会过时，就会让该产品的专利过期失效。其他的技术，例如前几章讨论的 O_2 传感器，在最初的专利期满很久后还继续发展并获得专利覆盖。

品。例如，制造非常适合生产刀具的特殊不锈钢合金的公司可能会愿意补偿生产刀具的公司，如果刀具公司购买其钢材的话。然而，在认为因为有补偿保障可以不必再花钱进行清查工作之前，应当确保补偿公司的财务资源足够雄厚，并且合同条款具有足够的保护性。

实质上，在这个例子中，该刀具制造商是依靠该钢铁公司来承担任何损害赔偿和法律费用的，如果发现这种特定合金侵犯另一家公司拥有的专利的话，例如另外一家刀具公司已经知道这种特殊合金并获得了这种用于其刀具的特殊合金的专利。此外，即使该钢铁公司就钢材方面补偿了该刀具公司，该刀具公司仍然可能会因与刀的形状或结构有关的专利而承担责任，甚至会因与蚀刻在刀片上或出现在刀柄上的装饰性设计有关的专利而承担责任。

总的来说，对于即将商业化的新技术一般要进行清查检索。然而，为了正确地进行清查检索，必须清楚、准确地描述新技术。模糊不清的概括会损害检索结果。需要检索的正是那些将要被引入产品中的。如本书前面章节所述，撰写权利要求所需的细节正是进行清查检索所需要的。这是因为技术进步将与专利文献中发现的权利要求进行直接比对。

八、应当在哪些国家进行清查检索

要回答的第二个问题是在哪些国家必须对新的特征或技术进行清查。如前所述，根本没有国际专利这回事。专利仅在你提交了申请并授予专利的国家中为专利所有人提供保护。即使专利在多个国家被授予，所允许的权利要求也可能会有所不同。但是，这并不意味着必须对世界上每个国家的专利都进行清查检索。这甚至不意味着必须对每个已知存在着相关专利的国家都进行清查。

鉴于专利权仅限定于在签发专利的国家内部，如果产品不在一个国家内销售、生产或者临时过境该国，则无需清查该国。❺ 需要强调的是，如果满足这三个条件中的任何一个，就有可能侵犯他人的专利。如果你的产品将在美国生产并在卢森堡销售，该产品就很可能将通过鹿特丹进口到欧洲。因此，应当在美国、卢森堡和荷兰以及将产品运往市场而途经的任何其他国家进行清查检索。

还应当注意，每个国家的专利法都有所不同。为了有效地确定外国竞争对手所持有的权利要求是否读于（read upon）你的产品，应聘请具有相关国专利法专业知识的律师。

---

❺ 正如在第 9 章中所讨论的，即使有关国家的专利是由区域签发机构签发的，通常也是这样，因为主张仍将在具体的国家进行。敦促读者与专利从业人员讨论这一问题。

九、应当在何时进行清查检索

要回答的第三个问题是何时开始清查检索是合适的。这或许是三个问题中最难以回答的问题。如果产品设计中的某些内容被他人的专利所覆盖，那么你的公司可能不能实施所提出的设计。稍后将在本章中对此进行更详细的讨论。然而，重要的是要注意，这可能需要获得专利许可或重新设计产品以避免侵权。这两种情况都有严重且昂贵的后果。此外，产品重新设计几乎总是会导致产品延迟推出，这本身就是代价昂贵的，并且在极端情况下会完全毁掉所提出的产品的价值。

如前所述，专利清查检索要求对要使用的技术进行准确定义和/或非常精确的描述，因为产品可能侵犯的专利的权利要求的措辞与产品本身措辞之间即使有很小的变化也会决定权利要求是否被侵犯。换句话说，产品中将要使用的技术必须被精确地限定。在研发阶段潜在的产品已经达到接近可以上市销售时，经常会发生这种情况。到那时，由清查检索所引起的任何必要变化通常都会涉及多个相互作用的子系统的大规模重新设计。这还将要求具有修改设计的改版产品可靠地运行，并且能以最有效最划算的价格来生产。

过早地进行清查检索成本高、耗时并且无成效。此外，在最终的产品设计成形时，可能还要进行重复的检索。晚于绝对必要时限进行清查检索可能会导致产品推出的大大延迟以及昂贵的重新设计或许可费用。这两种情况都不好。在决定何时进行清查检索时，需要一个微妙的平衡。清查检索和对在这种检索期间发现的一些专利文献进行彻底评价可能需要几周或更长时间，这进一步使问题复杂化。

在确定何时开始对一项新技术进行清查检索时应当回答的问题包括：

a. 该技术被完全确定以至于不太可能被改变吗？对于包含许多子系统的复杂设备，这个问题通常只关注正在考虑的特定子系统的技术进步。因此，例如，必须清查对电子照相打印机中使用的定影子系统（fusing subsystem）的改进，而不论调色剂配方或纸张处理子系统的变化如何。

b. 除了其设计之外，该技术的应用被完全确定并且不太可能被改变吗？

c. 如果发现所提出的技术可能侵犯专利，有不使用所提出技术的合理替代方案吗？

d. 产品设计的其他方面的变化有可能会被迫重新设计该特定的技术子系统吗？如果是这样的话，这样的改动昂贵或费时吗？会带来高风险吗？

e. 其他子系统的设计变化，不论是否新颖，会要求修改该技术设备或方法吗？使用上述问题"a"中所述的定影例子，调色剂配方或纸张处理的变化会要求对定影子系统做出修改，因此必须对定影子系统再进行一次清查，即使以前已经清查过了。

这是一些决定何时进行清查评估的因素。显然，如果所提出的技术可能会发生变化的话，进行这样的评估是没有意义的，因为潜在利益相关专利的权利要求必须直接读于（read on）将被实施的技术。另一方面，依赖特定的技术改进而没有合理的替代方案的产品会带来很高的风险（如果在不知道你公司可以使用该技术的情况下继续该产品的开发的话）。请记住，仅仅因为你公司拥有该技术的一项专利甚至一族专利，并不赋予你公司实施该技术的权利。

十、如何进行清查检索

现在让我们讨论一下如何着手进行清查检索。虽然这种检索可以由那些一直从事项目工作的工程师或管理人员来完成，而且他们肯定比其他任何人更了解这项新技术，但是与外部专利检索公司签订这样的检索合同通常是有好处的。外部公司从你的成功中得不到既定利益，因此，可以客观地评价权利要求并提供可供参考的目标专利清单。

检索请求书中应当包括对这项新技术的准确、详细描述。如果你公司知道某些可能影响正在开发的产品的专利，也应在检索开始时将这些专利提供给专利检索公司。这可以帮助检索人员将来自这些专利的关键词或术语输入他们的检索中，而不仅仅依赖你的工程师提供的特定用词。

建议要告知专利检索公司：检索的目的是清查；检索应限于有效专利和专利申请的权利要求。然而，应明确告诉他们，不要对他们发现的专利的相关性发表任何意见。此外，你的员工也不应对任何其他专利的相关性发表任何意见，无论这些专利是你公司以前就知道的还是在这次检索过程中发现的。如果对你的公司提起诉讼，此类信息可能会受到发现程序制约，并且可能会造成严重损害。请牢记，侵权是一个法律概念，应当让法律专家利用你的技术人员所提供的信息来确定产品是否有可能侵犯他人专利中的权利要求。

十一、一些注意事项

一旦完成检索，专利检索公司的任务就完成了。除非出现需要额外检索的内容，例如即将推出的产品中使用的技术发生了变化，否则没有必要与该专利检索公司进行进一步的讨论。此时，任何讨论都应当在你公司涉及该特定技术的员工与代表你公司的律师之间进行。任何有关清查结果的信件只应当在律师和必要的雇员之间进行，信件的开头字样为"特权且保密。应律师的要求而准备"。这是为了让正在讨论的信息依照律师－委托人特权进行交流，否则这些信息有可能被发现。如果有关潜在专利侵权的讨论和分析被对手律师发现，其代价可能会非常大。

由于你的员工对专利的书面意见的重要性，再次提醒读者注意，即使它们是在你的员工和你的律师之间进行交流也应尽可能避免。例如，如果需要让律师注意一件专利，那么诸如"这可能是有趣的"这样的意见就足够了，进一步的书面阐述既不必要也不可取。应尽量避免建立文件历史。

一旦清查检索团队确定了可能成问题的专利，就要让你公司的技术专家与你的律师坐下来，并根据你公司提出的技术对他们的权利要求进行讨论。律师很可能会发现大多数权利要求并没有受到侵犯，因此可以不予考虑。但是，如果你公司提出产品似乎侵犯了一项或多项专利的权利要求，会发生什么情况？有几种可能的行动方案。

在检查侵权专利时，要仔细阅读每项独立权利要求，并寻找你的产品没有而权利要求中有的那些要素。如前所述，你的产品还有追加的要素是不够的，那是无关紧要的。但是，正如先前所述，要侵犯一项权利要求，该权利要求的每个要素都必须出现在产品中。此外，即使产品中的要素与权利要求中所述的并不完全相同，那么该产品中的这些要素充分接近权利要求以致等同原则可以适用吗？后者是一个灰色区域，须由你的律师来处理。

如果独立权利要求不读于（read on）你所提出的产品，则可以忽略该专利。但是，如果独立权利要求确实看起来读于（read on）你的产品，那么还需要检查从属权利要求，以确定如果你的产品以其目前的配置进行商业化的话，是否会有进一步的侵权。由于从属权利要求是对独立权利要求的进一步详细阐述，因此从属权利要求只有在独立权利要求被侵犯的情况下才会被侵犯。然而，侵犯从属权利要求会巩固竞争对手的诉讼，并且会增加所遭受的损害赔偿。

十二、如果你的产品似乎侵权

在检查了权利要求并发现似乎有可能存在侵权之后，你的律师可能会检索文件历史。可能会存在可以根据文件历史中所包含的信息提出的未侵权论点。这就是在办理专利申请时最好尽可能地限制与审查员进行讨论的原因。简洁的文件历史可以减少他人规避你的专利权利要求的机会。

也许有可能围绕所侵犯的权利要求来设计你的产品。例如，让我们考虑一下本章中先前讨论的那个假设性权利要求，其中在 A 公司的产品中包括"密封所述阴极的环氧树脂涂层"这样的"手段＋功能"措辞。如果 B 公司需要环氧树脂来连接电线，B 公司可以使涂层不连续，这样它就不能用作气密密封，所以就可以避免侵犯这项权利要求。但是，如果密封是必要的，那么简单地用清漆代替环氧树脂可能会由于等同原则而被判定为是相同的。为了避免等同原则下的侵权，有必要证明有关特征实现不同的功能或以不同的方式实现相同的功能。该专利申请的文件历史可以帮助 B 公司的律师根据等同原则来确定该权利要求所覆盖的技术范围。

另一种可能的行动方案是质疑专利的有效性。如果能够表明独立权利要求读于（read upon）单件现有技术，则该专利将缺乏新颖性并且是无效的。现有技术不必是先前专利的权利要求。它可以是对专利、专利申请、出版物或先前产品中任何地方所声称的内容的描述，也包括那些在线的公开内容。被视为现有技术的产品甚至可以是专利所有人的产品（如果该受让人在提交专利申请之前推出了该产品的话）。任何人都可以以任何形式推出现有技术。只要存在现有技术，专利就缺乏新颖性，并且是无效的。

另外，基于显而易见性，专利也可能被视为无效。这种情况发生在不是被公开在单件现有技术中而是必须将几篇在先参考文献结合起来才能得到专利权利要求的情况下。然而，这更难以证明。基于新颖性的无效论证常常比基于显而易见的论证更可取，但两者都是有用的。

为了确定是否存在现有技术，可以进行"有效性检索"。这种检索类似于专利性检索，但是基于发布的权利要求而不是基于技术发展。有效性检索可能比清查检索要广泛得多。它们可能包括与熟悉该领域的人进行面谈，这些人能够识别出那些可能会构成在先公开的早期产品，或者知道专利检索中通常不会出现的文献。应当强调的是，专利的有效性最终是由法院确定的。

请注意，数量也具有重要性。如果你发现有五项或五项以上可能会封锁你的产品的专利，但可以对这些专利提出无效理由，请在决定发售产品之前三思而后行。据作者所知，从未有人能够将五项专利都宣告无效。一两项专利有可能会被认定是无效的。将五项专利宣告无效是一项很艰难的任务。

在对新产品进行清查时，如果发觉侵权的话，最后的一个选项是获得实施该发明的许可。这可以是专利交换协议的一部分，也可以是基于专利使用费支付。有可能专利所有人不愿意协商专利许可，此时也许不得不采取上述的其他选项之一。

将待决的专利申请纳入清查检索不是必需的，但是将其纳入可能是一个好主意。专利申请不会被侵犯，而且不能保证最终会基于该申请颁发专利，也不能保证最终被授权的权利要求（如果有的话）与该申请中的权利要求会有什么相似之处。然而，它确实提醒你这样一个事实：可能会影响你的产品的专利申请正在等待处理；如果它被授予专利，可能会影响你是否能够继续按原设计销售产品。请记住，如果专利申请是在你发售产品之前提交的，即使专利直到在你发售产品之后才公布，该专利也会与你有关。有关许多待决申请的其他信息，包括审查员的审查通知书，可以在美国专利商标局（www. uspto. gov）网站的专利申请信息检索（Patent Application Information Retrieval）（PAIR）部分中找到。

十三、清查分析和备忘录

在完成清查检索并审查了检索结果后，关联所提出的产品中的技术，律师将撰写一份法律意见备忘录，其中包含所发现的事实以及支持其结论的法律分析。律师在该备忘录中可能会援引技术专家来支持分析中所使用的技术事实。

分析的质量取决于提交给律师的信息的质量；你的技术专家的错误或遗漏的代价有可能是高昂的。如果没有发现按字面意思的侵权，那么包括基于等同原则的分析也是很重要的。

如果律师确定专利是无效的，即从一开始就不应该颁发该专利，他应当根据确凿的信息准备一份使他得出该结论的详细分析。如果这听起来像你正在准备专利侵权诉讼中的法律辩护，那就对了。辩护的一部分是，基于你的律师的分析，侵犯专利是因疏忽所致，侵权行为不是故意的。

应当认识到，通过清查检索和随后的分析并不能消除专利侵权诉讼的所有风险，包括败诉风险和估定基于这样的诉讼你公司赔偿所造成的损害的风险。这只是为了将风险降低到可接受的水平。诉讼可以很容易地被提起，而且没有任何检索或分析是完美的，风险总是有的。但是，清查分析大幅降低了这些风险。

为了维护律师－委托人的机密性，法律意见备忘录的分发应当限于那些需要拥有该文件副本的人。而且，收到副本的任何人都应避免对该文件做出任何书面评论。此外，员工应避免对法律意见做出评论。想必员工是技术专家而不是法律专家，而该文件是法律分析。技术信息已被准备备忘录的律师采用，进一步的评论只会降低该文件的价值。工程师需要理解法律分析与工程师通常遇到的文件属于不同的类别，需要以不同的方式处理。

法律意见备忘录的撰写本身并不足以表明公司为避免侵犯专利已善意行事。同样重要的是，应将法律意见备忘录传达给公司管理层或适当的决策者，并基于该备忘录采取可证实的行动。如果分析表明没有侵权，这可能相当简单。而在有潜在侵权的情况下，所采取的行动应与律师的建议一致，无论是重新设计产品还是论证被侵犯的专利无效。无论如何，决定应当在决策者审阅备忘录后，甚至在决策者与律师对清查分析进行讨论后做出。公司必须能够证明其已善意行事。

　　进行清查分析和检索的最后一个好处是，它清楚地显示了你的竞争对手的技术。想必你的产品比竞争对手的产品有优势，你完全获得了这些优势的专利吗？你现在知道了竞争对手的技术和专利组合的范围。这是你公司提交那些可克服竞争对手的产品缺点的专利申请的理想时机。这些往往是你的竞争对手将需要的专利，他们为此将不得不支付专利许可费或与你公司签订专利交换协议。两者都非常有价值。此外，由于这类专利会包括竞争对手采取的替代方案，因此它可以增强你拥有问题并控制产品市场的目标。

参考文献

1. 35 USC 112 （f）.

2. *Festo Corp. v. Shoketsu Kinzoku Kogyo Kabushiki Co.*，535 U. S. 722 （2002）.

3. D. A. Huebshen，W. T. Pagac，F. Mikec，T. S. Severson，and D. M. Sorbie，U. S. Patent #5,148,726 （1992）.

4. W. T. Pagac，F. Mikec，T. S. Severson，and D. M. Sorbie，U. S. Patent #5,117,714 （1992）.

第 *11* 章
专利工程师的作用

至此应该很明显，专利对你的公司来说是非常有价值的。除了保护你的知识财产，给予你市场竞争优势之外，专利本身也应当被视为有价值的产品。在这两种情况下，只有当另一家公司需要获得你的专利中要求保护的技术时，专利才是有价值的。正是为了获得你的知识财产的需要才产生了对你的专利的需求。如果没有人需要你的权利要求中包含的技术，那么你的专利不仅没有价值，相反，正如本书前面所讨论的，它们还是一种支出。它们要花钱才能获得，它们要花费额外的钱来维持。而且，它们教导了你的竞争对手。

另一方面，专利可以阻止竞争对手使用你的技术来进入你的市场。然而，只能由你来执行或主张你的专利。没有他人会为你做这件事。

如果其他公司发现他们对你的专利技术的需求如此之大以至于他们愿意为你提供一些有价值的东西，则这些专利对你来说是值钱的。这一般通过专利交换协议来实现❶。他们可以通过许可得到你的技术并支付你费用。他们可以购买你的专利所有权，从而成为受让人。或者，他们可以与你的公司签订交叉许可协议，从而让你的公司获得使用他们技术的权利。

公开并要求保护特定问题的特定方案的专利可能是非常有价值的[1-3]。但是，如在第 3 章中讨论的，特定方案的专利其价值往往远远低于那些构成在整体上聚焦于解决或拥有整个问题的专利组合的一部分的专利的价值。然而，也正如所讨论的那样，特定问题的专利组合很少在无意中产生。相反，它们是通过精心制定和实施旨在拥有问题的专利战略而实现的。

另外，正如第 10 章中所述，其他公司拥有的专利或更糟的是非实施实体（NPE）拥有的专利有可能会限制你销售产品的能力。这类组织可能会选择拒

---

❶ 提醒读者，我们一般使用更具概括性的术语"专利交换协议"，而不是更常用但更为局限的术语"交叉许可协议"；后者只是前者的一个子集。

绝你获得你迫切需要的技术，迫使你要么支付高昂的许可费或专利费，要么不得不让他们获得远超你意愿的你的专利。

正如第 9 章中所述，我们生活在全球经济中，外国专利可能对你的业务很重要。必须做出关于在哪些国家提交申请的决定。这些专利申请可以提高你的专利组合的实力和价值。然而，它们也会产生风险和费用，对此需要认真考虑。

很明显，不管你的公司是大公司还是小公司，是老牌的盈利公司，还是初创的新公司，专利都会对它产生影响。影响可能是正面的，也可能是负面的，或者两者兼而有之。帮助你驾驭复杂的技术专利的应当是专利工程师。

在本章中，我们将回顾并阐述你组织内的专利工程师的作用。

一、专利工程师是什么人

专利工程师通常是工程师或科学家，他们需要对你公司的技术有足够深入的了解，以便为你公司产品的技术开发做出贡献。此外，他们应该对专利法和专利程序有足够的了解，以便能够在与专利有关的所有领域指导技术团队和管理团队开展工作。专利工程师还应当具备优秀的书面和口头交流技能。

专利工程师可能不是专利律师。他们可能被认证为专利代理人❷，这种认证可能是有价值的。然而，这也不是必需的。但是，专利工程师必须了解什么是专利性，并且有足够的想象力来设想实现技术目标的替代方法。

对竞争对手的方法、产品、专利和相关文献具有相当广泛、深入了解的专利工程师是一种重要的资产，这体现在两个方面：一是制定专利战略（包括提交那些使你能够控制竞争对手所需技术方案的专利申请）；二是准备随后不会被审查员认为已经被相关技术公开或是显而易见的公开。

更重要的是，专利工程师具有处理专利性的法律问题的知识、技能和态度，使你公司能够开发出有价值且强有力的专利组合。专利工程师应该将准备专利申请草案所需的书面和口头交流的专家能力与使工程师、科学家、管理人员以及专利律师两方面连接起来所需的能力结合起来。

为什么你的组织拥有多名专利工程师至关重要？请注意不是一名而是多名专利工程师。如果贵公司拥有多条不同的产品线，它们并不采用类似技术，那

---

❷ 专利代理人不是专利律师。确切地说，专利代理人是得到专利法培训并且获得认证可以提交、办理专利申请的人。专利代理人不能代表委托人在专利巡回上诉法院（Patent Circuit Court of Appeals）出庭。此外，由于委托人与不在律师手下工作的专利代理人之间的谈话不属于律师－委托人特权的范围，因此在某种程度上应当审慎行事。然而，当使用专利代理人而不是专利律师时，法律成本往往会降低。

么鉴于需要专利工程师对他将要从事的技术有深入的了解与理解，可能就需要不止一名专利工程师。

采用类似技术的产品线很有可能只属于一名专利工程师所需的知识范围。因此，生产五金工具的公司可能只需要一名专利工程师，而同时生产药物和家庭护理产品的公司可能需要一名以上的专利工程师。

二、公司里的专利工程师

专利工程师可以在其中增加价值的那些工作取决于组织的性质。一家旨在利用新技术生产、销售产品的制造性公司所面临的挑战与一所寻求许可而实际上并不生产采用其技术的产品的大学所面临的挑战不同。寻求对公司进行投资但既不开发也不销售技术的金融机构，会有与制造商或大学不同的其他需求。

一些律师事务所或者帮助委托人扩展专利组合，或者参与专利诉讼，或两方面的工作兼而有之。后者代表委托人针对侵权公司主张委托人的专利或者针对其他公司的主张为委托人提供辩护。这两类律师事务所都可能出于多种原因而聘用专利工程师。这些原因包括聘用专利工程师来帮助制定适当的专利战略或设计有关产品的测试来证明或反驳侵权指控。此外，尽管制造商拥有永久在编的专利工程师常常是有利的，但金融机构/投资公司或律师事务所可能希望与能够指导其与特定专利主张或专利申请相关活动的特定个人签订合同。大学可能希望拥有一个小规模的永久性专利工程师团队，并通过签订合同增加专利工程师来扩充该团队的专业知识。让我们从制造型组织开始，分别看看每一种情况。

制造商致力于通过生产采用其新技术的产品来建立一种相对于其竞争对手的独有优势。因此，专利工程师将参与：1）构建保护公司知识财产的专利组合；2）公司与他人在共同开发活动中的合作；3）在降低专利侵权风险的同时，确保公司能够生产并销售其产品和服务；4）构建具有内在价值和市场价值的专利组合。让我们分别探讨一下这些主题。

仅仅依靠你的工程、研发或管理团队很少能有效地设计并维护强有力的专利组合。如前面的章节所述，发明人常常意识不到他们有发明，即使在他们意识到有发明并进而递交发明说明书时，他们也倾向聚焦于特定问题的方案而不是聚焦于拥有问题。由此形成的一项或多项专利申请往往过于狭隘，很容易被竞争对手规避。

工程师们埋头于分配给他们的项目，并承受着完成这些项目的巨大时间压力。他们很少有时间整理出条理清楚的专利申请，更不用说与律师一起来提出一份专利申请了。诸如进行相关技术检索之类的关键环节常常不能被彻底完成，使得专利申请被专利局驳回的可能性很大。同样，管理团队也有他们的目标，这些目标必须在时间紧迫和预算紧张的条件下完成。管理团队经常将提交专利申请视为不希望且不必要的麻烦。他们当然不希望其团队成员花时间和精力来提交专利申请。而且，无论管理人员还是工程人员都没有足够的专利法工作知识，以使他们能够写出保护公司知识财产同时又规避专利局的显而易见性驳回的公开说明书。

专利工程师的首要职责是制定和实施有利的专利战略。尽管致力于项目的技术人员不能完全脱离参与所产生的专利申请的提交工作，但是使用专利工程师将最大限度地减少技术人员偏离其主要职责的时间。

专利工程师首先会与技术团队成员会面，以便准确地确定他们已经解决的问题、正在解决的问题和打算解决的问题。基于这些信息，并且通常在技术人员在场的情况下，专利工程师将为发现的每项发明提出权利要求草案或至少一项独立权利要求。在项目人员在场的情况下提出这些权利要求，可确保专利工程师理解问题，并确保项目人员理解发明及其权利要求的措辞。这两方面都是至关重要的。

为了制定专利战略，显然专利工程师需要理解问题和技术方案，然而，技术人员了解正在提交的内容是同等重要的。请记住，提交专利申请的目的应当是对侵权公司主张已颁发的专利。如果发现侵权行为，技术人员必须能够像专利中记载的那样清楚地描述其发明的细节以及它是如何被侵犯的。

撰写了独立权利要求之后，专利工程师就可以着手进行现有技术检索。现有技术检索常常可以从使用项目人员提供的参考资料开始。可以选择性地或同时地使用所提出的独立权利要求的白话检索（vernacular search）来进行现有技术检索，许多现代专利搜索引擎都能够进行白话检索。❸ 检索揭示出最相关的现有技术，将有助于专利工程师在必要时调整、完善权利要求，并有助于撰写将来的说明书的背景部分，以论证当前提出的发明既不是现有技术固有的也不是根据现有技术来看显而易见的。

专利工程师接下来将探索实现类似技术目标的替代方法。这可以通过与项目团队成员一起检查竞争对手所采取的方法来完成。可以起草涵盖这些替代方案的申请，目标是拥有问题，尤其是拥有该问题当中你的竞争对手所需要的那些部分。这为你的公司提供了可增加收入的专利，这些专利不论对于许可目的还是在需要专利交换或交叉许可协议的情况下都是非常有价值的。

---

❸ 一些搜索引擎允许检索者输入短语，该短语可以是一项独立权利要求。搜索引擎将会列出许多相关专利。然后检索者可以输入关键词并将检索结果缩小到最相关的检索结果。

在制定专利战略时最重要的或许是确保申请中所出现的信息不会妨碍未来申请获得专利。专利工程师有责任确保各个申请的提交符合以最少的费用和项目团队时间获得最大覆盖面的总体规划。

专利工程师接下来处理的是项目团队交给他的、就特定发明提出的从属权利要求，以及那些将会覆盖替代方案的申请的独立和从属权利要求。如果需要，项目团队可以在此时检查这些权利要求。然而，现在对这些权利要求进行具体检查不如让他们参与起草最初的独立权利要求或在起草完成后检查全部公开内容那么重要。

在完成了权利要求草案和将要实施的专利战略的制定后，专利工程师可以撰写适当的公开内容，这些公开内容将被纳入并构成大多数专利申请。这些公开内容可能包括附图、表格和图表的绘制，尽管项目团队成员会有适合此用途的资料。

草案应当包括将构成最初申请的所有专利申请。如果可能的话，包括随后将被提交的申请的草案是有益的，同时认识到随后将被提交的申请可能是不完整的，因为并非所有信息都是可以得到的。这会让项目团队成员对所提出的战略进行评估，并确保提交的公开内容不会过早披露将在随后的申请中要求保护的信息。

专利申请由专利工程师起草并由项目团队的适当成员检查后，就该将这些申请呈递给将提交和办理它们的法律专家了。作为律师或专利代理人的法律专家将对申请进行检查并对其做出适当的法律修改，并且有可能会提出对权利要求的修改建议以使权利要求的法律措辞变得严谨，确保权利要求得到说明书的支持，并确保遵循正确的程序。后者的一个例子涉及词"a"和"the"的使用。第一次提到一物件时，必须冠以不定冠词"a"。随后，由于该物件现在已经被定义，它必须冠以定冠词"the"。这只是适当地提交专利申请所涉及的细节的一个例子，但如果未能遵循正确的程序以及专利法，可能会迅速毁掉所提出的最好的专利申请。这里要提醒的是，专利申请过程中必然涉及恰当的法律专业知识。

三、扩展你的专利组合——一个例子

本书的重点是构建使你公司的知识财产的价值最大化的专利组合，因此让我们用一个假设性例子来说明这一过程。让我们首先考虑一个例子，其中你的公司使用的技术不同于你的竞争对手使用的技术。在这个例子中，K公司和X公司都生产电子照相打印机（electrophotographic printer）。在这两种情况下，主成像部件（primary imaging element）[比"光感受器"（photoreceptor）更宽

泛的术语][4] 都被均匀地静电充电。然后使用曝光装置逐像素地曝光主成像元件，从而产生静电潜像。通过用墨粉对静电潜像进行布粉，将潜像转换成可见图像。

K 公司与 X 公司使用的曝光装置完全不同。K 公司使用横贯主成像部件整个宽度的 LED 阵列，并且在被触发时使用中央处理单元中的写入算法在需要时曝光单个像素。该系统的主要优点在于，它不会向沿着主成像部件的宽度的像素引入任何失真，因为每个 LED 发出的光都垂直（即以直角）撞击到主成像部件上。

相比之下，X 公司通过使用激光扫描器逐像素地曝光主成像部件来产生静电潜像。在该装置中，在正确的时间使激光脉冲以逐像素地曝光原成像部件。为了使光照射到主成像部件的正确部分上，光被反射到旋转的多边形反射镜中，然后该多边形反射镜将光束发送到主成像部件的适当区域。

LED 阵列和激光扫描器都有各自的优点和缺点。很显然，这两家公司都不会使用另一家公司的曝光工艺技术，但是很可能需要另一家公司在其他子系统中的专利技术，因此，需要这两家公司间有专利交换协议，或者一家公司能够从另一家公司收取许可费，否则会阻止另一家公司进入拟议产品的期望市场。

现在让我们假设激光扫描器技术的主要缺陷是当激光束以小于 90° 的角度照射主成像部件时，激光束变长。假定激光器位于主成像部件的中心，当激光束偏斜以曝光主成像部件的极端边缘处的像素时，激光束变长，就像以斜角照射墙壁的手电筒光束被拉长一样。这将产生像素失真，然后像素失真导致最终的可见打印图片中的失真和图像劣化。

K 公司断定，获得对 X 公司重要的方法和设备的专利覆盖将是有利的，尽管这样的知识财产不会用于 K 公司的产品。K 公司拥有问题或者至少拥有问题的足够大部分是很重要的，因为如果这样，X 公司就不得不支付许可费或与 K 公司就专利交换协议进行谈判。

因此，专利工程师召开会议，邀请那些专门从事光学、曝光和写入系统及成像算法的工程师参加。应当记住，为了获得专利，必须提出问题的新的且非显而易见的技术方案。仅就有益于纠正激光扫描器造成的失真的想法，K 公司不能获得专利。必须提出如何实现这一点。

会上提出了几个方案。这些方案包括：

---

[4]　通常使用术语"主成像部件"而不是仅仅说"光感受器"，这样可使颁发的专利包括更宽泛的静电印刷（electrophotographic printing），而电子照相（electrophotography）是静电印刷的子集。使用更宽泛的术语会扩大权利要求所覆盖的技术范围，从而扩大授权专利所提供的保护范围。

1. 以规定的方式改变写入算法，以便曝光的像素校正最终打印图片中的失真。

2. 改变多边反射镜的旋转速度，以便选择要曝光的像素以使失真最小化。

3. 将曲线引入主成像部件中，以便激光束以直角撞击到主成像部件上。

然后在会议上花时间讨论如何实施上述每个方案以及实施对其他子系统的运作的影响。经过适当的讨论后，认为方案 3 将难以实施，X 公司或任何其他可预见的公司，无论其他公司正在生产的实际产品是什么（也就是说，不需要在相同的产品线中，甚至不必是竞争对手），都不太可能真正希望使用这种技术。

这是一个艰难的决定，因为它涉及展望未来多达 20 年。然而，如果问题的技术方案中的可预见利益微不足道（如果有的话），可能就不值得花钱来获取专利。K 公司或许只希望公开该方案，以阻止另一家公司获得该方案的专利。

方案 1 和方案 2 似乎更直接地适用于 X 公司的产品。因此，K 公司让其技术团队成员设计了具体的设备和方法，以便可以实施这两种方案。

由于一件专利仅限于一项发明，因此专利工程师要为这些方案中的每个方案都撰写拟议的独立权利要求以完全地"占领"这些发明。应当记住，每件专利都限于一项发明。换句话说，如果所覆盖的技术不能用单项总体性权利要求来描述，那么专利工程师可能不得不使用多项独立权利要求来起草多件申请。完成了以上工作之后，就可以对所提出的独立权利要求进行现有技术检索。该检索的结果可能会导致另外的应当申请专利的发明，或者可能会要求对独立权利要求进行修改。完成了这一点后，就可以编写适当的从属权利要求，然后起草并提交专利申请。

K 公司获得这些专利的好处是双重的。首先，如果导致这些专利产生的分析是彻底且正确的，那么这些专利具体解决了 X 公司不得不解决的问题。这使得 X 公司获得 K 公司的专利使用权变得非常重要，并且可能鼓励 X 公司就交叉许可协议进行协商，使 K 公司能够获得其需要的来自 X 公司的技术，而不必交出对 K 公司可能更有价值的技术。此外，公开的专利申请常常被公司情报人员用来评估其竞争对手的走向，因此，这些专利可以用来误导 X 公司对于 K 公司的未来产品的看法。

四、技术团队如何通过与专利工程师互动而受益

与 K 公司就竞争对手可能需要的技术提交专利申请相比，更为常见和可取的是保护那些为你公司提供市场优势的专有技术。各个发明方案可能是也可

能不是由致力于项目的技术人员提出的。然而，这些方案往往是特定方案，可以作为更完整的专利组合的引导方案，但不能单独提供足够的保护。然而，在会议召开后，长期从事项目工作的技术团队成员往往会强调说，他们没有发明出任何东西。

这本书的作者发现，与其问技术团队有什么发明，倒不如问技术团队是否能够在一年前就把产品搞出来更富有成效。这会促使人们讨论团队所遇到的问题，以及他们如何解决了这些问题或他们下一步打算如何解决这些问题。

这也是探讨所讨论问题的替代方案的良好时机，因为技术团队成员很可能考虑过那些其他选项，并基于在其他情况下或许有效或无效的假设，放弃了那些在当时假设下不是最优的方案。然而，假设会迅速发生变化，这些方案是提交那些在其他情况下可能有价值的专利申请的宝贵素材。

专利工程师现在可以进行现有技术检索并提出从属权利要求。可能需要与特定的团队成员召开额外的会议，这些特定团队成员在将提交专利申请的特定发明中发挥了重要作用。

应当注意，尽管为了避开现有技术，在进行检索以及描述问题和方案方面非常小心，但不可能所有专利申请都会被最终授权。然而，如果遵循本书所述的技术，则大多数申请应该会获得可为你公司提供极具价值的专利组合的专利。

律师是法律专家，但对相关技术没有详细的专业知识，而技术团队成员不是法律专家；专利工程师在生成专利申请中的总体职责是充当律师和技术团队成员之间的桥梁。聘请专利工程师可以让你的技术人员有更多的时间与精力致力于所分配的项目，并减少法律费用，同时产生价值更大、作用更大的专利组合。

对于专利工程师来说，决定不提交哪些申请可能与决定提交哪些申请一样重要和具有成本效益。这些不提交的申请包括那些所谓的"组合专利"方案，例如那些产生于已知技术的方案，当这些已知技术组合起来时产生新的产品，但产品的组成部分是已知的并且用来产生已知的效果。就像先前章节中提到的橡皮和铅笔的假设性例子一样，使用已知技术生产一种没有任何未预料到的益处的新产品是不具有专利性的。

除了组合专利以外，还有一些提交时机尚不成熟的申请。这些申请可能需要额外的研究，甚至有可能走向错误的方向。然而，这类申请的提交构成了公开，并可能会阻碍更坚实的后续专利申请。同样，适当和有效地处理这类提议的申请需要具有技术和专利法两个方面的良好工作知识。

五、专利工程师在联合产品开发项目中的作用

需要与至少一家其他公司合作的产品开发已变得很普遍。例如，如果你的公司设想开发一种新产品，该产品需要与其他公司或机构合作来开发它的一些新功能，或者如果你需要外部供应商为计划项目定制设计一个关键部件，专利工程师可以实施适当的专利战略并巧妙地制定保密协议，以确保保护你的知识财产和你使用该财产的能力。

让我们从考虑与另一家公司合作开发你的计划产品的某个方面或部件开始说起。首先应当认识到，供应商开发的知识财产属于供应商。虽然你公司与供应商签订的合同可能会规定你拥有实施合作产生的任何和所有发明的许可，但这种许可可能不允许你公司将该部件招标给其他潜在供应商。因此，为了使用那些你签订合同开发的且或许你已支付费用的部件，你可能不得不支付你的合作者想要收取的任何费用。

例如，当两家公司雇用的工程师设计出了一种新的关键部件时，情况可能会变得更混乱。该专利会将两家公司的工程师都列为发明人，因此，两家公司都可以要求获得这项发明的权利。因为合作公司也拥有其对你的关键部件贡献的专利，所以合作公司可能会阻止你公司销售你的新产品。或者，你的公司可能需要向合同公司支付许可费才能使用该技术，或者你的公司可能不得不以合同公司想要收取的任何价格从该合同公司购买该部件，从而限制了你公司寻求替代的、更具成本效益的供应商的能力。

这表明，在与供应商进行任何技术讨论之前保护你公司的知识财产是多么重要。专利工程师是确保做到这一点的关键。

你公司的技术团队对于该要供应的部件的了解可能比通常意识到的要多得多。他们一定知道这些部件的具体应用，以及将这些部件集成到你的产品中的问题。对于如何解决这些预见到的问题，他们可能已经有了一些构思。他们肯定知道结果将是什么。

专利工程师的职责是收集技术团队已知的信息，包括扩展技术团队提出的构思以解决潜在问题和选项，起草和研究适当的权利要求，随后按律师喜好的格式准备申请草案（必要时，包括需要的附图、图表和表格），并将草案交给律师，以便在与供应商开始讨论之前提交申请。这里的关键词是"在开始讨论之前"。这是非常重要的，因为如果申请是在讨论开始之前提交的，那么该知识财产属于谁和发明人是谁就没有争议了。即使合作产生了另外的知识财产，如果供应商的价格过高，拥有一些专利可为你的公司提供一些替代方案，事实上，可能会让你的公司以优势地位与供应商进行谈判，如果该供应商需要

你的某些技术的话。

特别是当供应商可能具有你公司缺乏的专业知识时，在与供应商讨论之前提交专利申请的任务具有挑战性吗？当然具有挑战性。但是，在专利工程师的参与下，该任务是可以实现的，并且是非常有价值的。

专利工程师在涉及多家公司的联合开发项目中的作用并不仅仅限于获得专利覆盖。相反，它涉及保护你公司与合作伙伴之间交换的所有知识财产。具体来说，合作公司间必须定期地交换专有或机密信息。这些信息需要得到保护，而专利工程师训练有素，处于确保做到这一点的绝佳位置。

六、保密协议

实施适当专利战略的补充是使用保密协议。应当强调的是，专利和保密协议对于在与外部组织打交道时保护你的利益都是极其重要的。两者都需要对技术和工作层的法律知识有详细的了解，因此专利工程师可以在两者中发挥至关重要的作用。现在让我们来讨论保密协议的各个方面以及它们如何使你公司受益。

保密协议（NDA）通常也称为专有信息协议（PIA）、机密性协议（CA）或机密公开协议（CDA），可以是"相互""双边"或"双向"的，这意味着双方在使用所提供并已经确定为机密的资料方面都受到限制。或者，他们可以只限制一个缔约方对资料的使用，这称为"单向"NDA。如果只有第一家公司向第二家公司传送的信息必须由第二家公司保密，而第一家公司可以随意处置第二家公司传送给第一家公司的信息，则 NDA 被认为是单向的。相反，如果第一家和第二家公司都同意不披露由第二家或第一家公司分别传送的信息，则保密协议被认为是双向的。

对于你公司来说，寻求与合作公司达成单向保密协议通常是有利的；所述合作公司是那些你的公司寻求与其合作开发技术或者从其购买具有用于你的产品的特别设计的特定部件或子系统的公司。这是因为你的公司可以向合作公司传送机密资料，同时保持该资料的机密状态。

但是，在单向保密协议中，你公司可以以你公司认为合适的方式自由使用从合作公司传送给你公司的信息。这包括在专利申请、出版物或贸易展览中使用这些信息。

如果你公司签署双边保密协议，则未经合作公司同意，不得披露有关信息。话虽如此，但有时合作公司会坚持签署双向保密协议，以保护那些他们认为是他们的知识财产的信息，特别是当他们打算提交专利申请或将该技术或该技术的改进出售给其他公司时。

保密协议是合同，因此必须由两方签约公司的授权成员签字并执行才能生效。这通常意味着，保密协议不论是单向还是双向的，都必须由公司官员或由公司管理层明确授权的签署此类协议的个人签字。未能正确执行保密协议可能会导致公司之间传递的信息被视为在前公开信息，并可能使获得适当专利覆盖的能力消失。此外，如果另一公司公开或以其他方式使用该信息，则这样的失败也可能排除获取损害赔偿的能力。

关于什么是保密的，保密协议应当予以明确。保密协议应包括一份描述工作和预期保密材料的一般性陈述。此外，为了确保没有混淆，保密协议应当规定，保密协议所覆盖的所有机密资料都应当被标记为机密，并且应当在资料本身或者在随附的信中明确地说明该资料属于保密协议的范围。

最后，保密协议应当为每家公司指定具体的联系人，最好是一个特定的人员。联系人不必是签署协议的个人，但可以是密切参与项目的人。此外，披露方公司应当保持详细的日志，记录所传送的资料以及传送发生的时间。接收方公司知道你公司计划认真对待保密协议是很重要的。律师应立即处理违反保密协议的行为。

专利工程师可以处理许多生成保密协议和维护所需记录的细节。因为保密协议是合同，所以应当由律师来完成初始协议的实际起草。随后的保密协议如果没有实质性变化（例如，除了工作性质或签订协议的公司之外的变更）可以由专利工程师处理。

尽管让项目团队成员担任联系人可能更为方便，公司联系人也可以是专利工程师。专利工程师可以保留公司之间所有通信的副本。目的是减少项目团队成员处理保密协议细节所花费的时间，同时确保遵守协议条款。

七、专利工程师与专利办理

专利工程师在专利申请的办理过程中也是非常有价值的。尽管有些专利申请像最初提交那样顺利地通过专利局的审查而得到授权（所谓的"一通授权"），但这类授权是例外而不是惯例。在办理专利的过程中，一般会收到非最终驳回或最终驳回、选择某些权利要求的要求（所谓的"分案"），等等。审查意见通知书要求申请人做出决策，是反驳审查员的意见，还是修改权利要求，或者以其他方式回应审查意见通知书。

有时可能需要实际与审查员交谈（面谈）或上诉。这两种途径都可能有成效，但鉴于第 7 章中所述的原因，都应当慎重运用。同样，专利工程师拥有的技术和专利性两方面的知识，在设计和构思对审查意见通知书的答复、与审查员面谈以及参与决策过程和上诉准备工作时，将会对你的公司有益。

最后，也许有一天，尽管做了所有合理的努力，但似乎非常不值得花费金钱和时间来进一步追求专利，而应当放弃申请。继续追求专利可能是徒劳无益的行为，增加了成本却没有任何希望会被授予专利。或者，审查员愿意授权的那些权利要求的范围可能非常有限，以至于这些权利要求毫无价值。放弃进一步办理的决定应当由管理团队和技术团队在听取专利工程师和专利从业人员意见的情况下做出。

八、专利工程师与专利清查

如在第 10 章中详细讨论的那样，公司仅仅就其产品中所使用的技术维持坚实的专利组合是不够的。公司还有必要尽可能减少其侵犯另一家公司拥有的专利的可能性，而无论该公司是否为实际的竞争对手。更重要的是，制造商不要故意侵犯他人的专利，因为故意侵权会招致三倍的损害赔偿。专利工程师可以在确保正确进行专利清查方面发挥重要作用。

专利清查会提出非常具体的问题，主要是：技术的哪些具体方面是新的？该技术侵犯了任何有效专利的权利要求吗？提供给检索公司的信息的质量决定检索的质量。关于专利是否被侵犯的法律决定有赖于律师，其应该获得了对相关技术的特定方面和检索公司检索出的相关专利的准确描述。除了这些问题外，还有第 10 章讨论的法律细节，例如等同原则。或许，技术人员与法律人员之间的语言分歧，在专利法的其他领域中都不如在专利清查检索设计和该检索所获结果的分析中重要和成问题。

正是由于专利工程师对技术的了解和对专利的理解，使得专利工程师成为技术界和法律界之间至关重要的"接口"。具体来说，能够准确地阅读和理解权利要求所述的内容并确定所提出的产品是否实施了权利要求所保护的技术，对于正确地清查新产品是绝对重要的。此外，专利工程师往往处于评估产品的哪些方面需要清查的绝好位置。

在一些情况下，当时间极其重要而检索公司无法及时返回结果时，专利工程师获得的专利列表可以作为其进行清查检索的核心。然而，应当强调，鉴于第 10 章所述的原因，这通常不是首选的行动方案。

专利工程师也非常适合于确定所提出的产品中使用的具体技术。同样，强调的是具体技术。可以使用什么或能够使用什么技术并不重要。问题是该技术的具体实施方案是否读于（read on）特定权利要求的措辞。遗憾的是，项目工程师往往没有领会权利要求中的具体法律描述，而选择对所使用的技术进行更一般性的陈述。

如果清查检索发现有一些该技术有可能读于（read on）的权利要求，那么专利工程师与产品团队成员合作，能够很好地确定所提出的技术是否真正读于（read on）这些权利要求。但是，请记住，这项决定应由律师做出，而律师是在专利工程师和技术团队成员的建议和专业知识下行事的。如果确定该技术会侵犯权利要求，那么专利工程师可以再次与产品团队合作，对该技术进行调整以尽可能避免侵权。

有时某项技术是产品中必要的，尽管该项技术似乎侵犯了某人的专利。如第 10 章中所讨论的，这里有几种选择。第一种选择是对该产品进行认真的重新设计，这样它就不侵权。

第二种选择是就该专利是否有效征求法律意见。再次强调，这是一个法律决定，确实存在风险。但是，这是一个值得考虑的选择。在这里，专利工程师对于该项技术的了解、对于包括任何人在该专利颁发之前已实施或公开的技术在内的一般领域的了解以及对于你公司在产品中所设想的具体技术的了解，对于专利律师在考虑专利有效性论据时也是非常有价值的。

第三种选择是寻求专利交换协议。如果专利工程师制定了强有力的专利战略并且你公司实施了该战略，则有可能很容易获得专利交换协议。专利工程师的专业知识使他们能够确定你的公司可以向被侵犯专利的所有人提供哪些对你的公司来说价值很小但对被侵专利的所有人来说至关重要的专利。

第四种和第五种选择，即支付专利许可费或取消项目，这是管理决策，应当参考专利工程师和技术人员的意见做出。

九、专利工程师在专利维持中的作用

关于是否维持专利的决定往往很复杂，可能会产生昂贵的后果。一方面，未能维持某些专利也可能代价高昂，特别是因为它们通过阻止你的竞争对手使用专利技术而提供的排他性将会丧失并且可能最终会限制你公司将其产品商业化的能力。凭借对你的产品和竞争对手的产品技术的了解以及对技术走向的了解，专利工程师在检查专利组合以确定你的哪些专利应该维持时具有巨大的价值。如关于美国专利的第 8 章和关于国外专利的第 9 章所讨论的那样，专利维持在全世界都是常见的；除非支付了维持费，否则你的专利将成为公共财产，你只会成功地教导你的竞争对手有关以前受保护的知识财产。

如前所述，在美国，专利必须在专利颁发后的 3 年半、7 年半和 11 年半的时间进行维持，维持费随每次维持而增加。对你拥有的每项专利都支付维持费可能是金钱的浪费。相反，未支付维持费可能会给你的公司造成重大损失。如果受专利保护的技术正被你公司用于有价值的产品，则应当维持该专利，因为其他公司可能有兴趣复制该产品。当然，如果一项专利正在带来许可费或者是交叉许可或其他专利交换协议的一部分，则应当维持该专利。如果一项专利在其他公司持有的专利或提交的专利申请中被积极引用，则可能意味着该技术具有重要性，或许应当维持该专利。而且，如果一项专利是诉讼的对象，尤其是如果你公司正在主张这项专利，或许就应当维持这项专利。

另一方面，如果现在或未来的技术已经脱离了一项专利中要求保护的技术，则可能值得放弃该专利。而且，如果其他公司对该专利没有表示兴趣，则可能不值得支付维持费。

在第一次进行维持时，允许对是否维持专利做出明智决定的因素可能还不清楚。这通常是因为技术是新的，其全部商业价值还没有被你的竞争对手认识到。专利工程师通常知道该技术如何演进，并在做出这一决定时能够提供所需的信息。幸运的是，第一次维持的费用相当低，如果没有明确的相反指示，通常是值得支付的。

到第三次也是最昂贵的维持到期时，应该相当清楚一项专利是否有足够的价值使其值得支付维持的费用。此时，专利工程师也能利用其对竞争对手的了解来帮助指导你的公司。

第二次维持往往是三次中最困难的决定。此时，这项技术正在成熟，它的全部商业价值和保护它的专利的价值可能难以确定。与此同时，维持费远远高于第一次续展时所发生的费用，但不如第三次维持时那样高。专利工程师对于你的专利在第二次维持时的可能价值的意见会特别有益。

产品线通常是经过数年的时间（如果不是更长的话）演进形成的，因此，拥有在相关领域获得长期专业知识的专利工程师是有益的。另一方面，如果一家公司正在探索进入新市场的可能性，则该公司可能只想与在这些新领域有经验的专利工程师签约。

十、专利工程师与主张专利

专利工程师在执行或主张专利方面也有重要作用。主张专利需要专利所有人证明某人正在生产的商品或服务读于（read on）专利的一项或多项权利要求。如在第 10 章中所讨论的专利清查的情况，侵权产品必须读于（read on）一项权利要求的每个要素，该权利要求才被侵犯。证明侵权是专利所有人的责任。

侵权是一个法律问题，需要法律专业知识来追究。这就是说，A 公司要证明 B 公司侵犯其专利，必须首先确定其认为正被侵犯的专利。这要求对相关产品的操作有初步的了解。然后必须对这些产品进行仔细检查，以确定它们是否侵犯了 A 公司的专利，如果侵犯了，那么确定哪些专利被侵权了。

证明产品侵犯专利往往需要对产品进行详细分析。这通常包括对相关产品进行具体的测试、实验或分析。通常，一家公司生产的一系列产品都可能会受到这种类型的彻查。律师通常会准备"权利要求表"，详细地说明你怀疑受到侵犯的专利的权利要求与被指控的侵权人实际使用的技术。权利要求表在一个栏中将所主张的权利要求分解为其组成短语，并在第二栏中将产品的研究结果细分，以表明该产品正在实施该权利要求的每个方面。这些工作需要技术熟练人员和法律熟练人员的结合，而最根本的是，参与此项工作的技术人员理解专利权利要求的确切含义和要求，以及被指控侵权产品的操作。专利工程师非常适合这个角色。他们可以设计、指导或监督那些用以确定权利要求是否受到侵犯的测试，并协助你的律师准备权利要求表。

正如本书前面所讨论的，证明至少有五项专利遭到侵权大大降低了B公司通过宣告这些专利无效来逃避损害赔偿的可能性。尽管对于一两项专利的无效论证可能会取得成功，但据本书作者所知，没有任何一家辩方公司曾成功宣告五项专利无效。宝丽来公司在其对柯达公司的诉讼中主张了九项专利。柯达公司辩称，这些专利代表了制作即时照片的显而易见的设备，是无效的。法院的确裁定，其中两项专利基于这些理由实际上是无效的。这导致柯达公司被发现侵犯了其他七项专利。这也是公司为什么会努力用产生于聚焦拥有问题的战略的多项专利而不用旨在保护问题的特定方案的单项专利来保护其知识财产的原因。

十一、专利工程师与大学

大学、律师事务所和投资公司也可以从专利工程师的服务中受益。一般来说，这些组织都不制造产品。应认识到，大学有时会成立科技园或拥有子公司，以便利用其知识财产生产产品或提供服务。

应进一步认识到，这些类型的组织中每一个都能够并且确实偶尔生产产品，并且可能希望获得覆盖这些产品中使用的知识财产的专利保护。在这些情况下，先前关于专利工程师在制造业中的作用的讨论将是至关重要的。但是，还应认识到这类产品生产一般不是这些组织的关注重点。因此，现在将讨论与大学、律师事务所和投资公司有关的独特机会。让我们首先考虑专利和专利工程师在大学中的作用。

首先，我们应认识到，大学是一个拥有各种产品和委托人的企业。委托人包括寻求知识和/或学位的学生、寻求招聘毕业生的雇主、捐款或参加收费入场的大学活动的校友，以及资助大学研究的机构和公司。产品包括研究成果、受过教育的学生、各公司的雇员、付费参加体育赛事的校友和知识财产。

　　然而，面对快速上涨的成本，大学往往免费赠送其知识财产。大学鼓励教员们发表他们的研究成果并获得资助金，以便获得终身职位或晋升机会。虽然获得专利的价值可能在大学得到认可，但大多数教员，即使是工程和科学学科的教员，在识别具有专利性的知识财产方面也没受过多少培训，一般不会追求这样的选项。举个例子，大学的研究人员有多少次设计了新的测量方法和设备，然后将这些信息完全披露在聚焦于所获结果的出版物中？

　　大学通常有专门的工作人员负责评估技术和提交申请专利。不幸的是，这些部门往往被迫关注获取专利的成本，而不是关注获得合理的专利组合的价值，而合理的专利组合聚焦于专利许可的潜在收入。迫于发表的压力，教员们倾向于撰写论文，这些论文会被立即发送到适合的期刊或在会议或研讨会上发表。此外，大学鼓励新信息的开放式交流和传播——正是这样的信息传播构成了法律上的公开并启动了可提交专利申请的时限的计时。最后，产业界的员工团队相对较大，从事的研究项目数量较少；相比之下，大学的研究团队往往较小，而从事的项目具有广泛的多样性。出乎意料的是，在大学的思想自由交流的文化背景下，一个系的教员进行的研究和公开内容可能不为另一个系的教员所知，即使在法律上存在重大重叠。

　　总的来说，大学有几个特点，它们可以简化专利问题和专利工程师的作用。由于大学的主要任务不是制造，因此大学往往不大关心是否专利侵权或是否实际上能够实施其技术而不侵犯他人拥有的专利。因此，专利清查和专利交换协议往往没有什么重要性。然而，大学需要资金，许可费可以为大学收入做出重要贡献。

　　大学常常关心专利的费用。教员们对专利的了解往往不够充分，并且被迫迅速发表论文。因此，大学关于什么技术需要申请专利以及专利覆盖范围应当多广的决策往往是由那些对新技术不甚了解的个人或部门做出的。这就造成了大学未能充分利用知识财产的情况。还应认识到，研究资助金可能会限制受资助的研究所产生的专利的所有权。此外，大学往往未将专利知识教授给其学生，特别是那些修读科学或工程课程的学生。这尤其令人担忧，因为许多这些学生最终会被雇用到产业界，而在产业界专利知识是很重要的。

　　大学的现状要求在大学工作人员中增加专利工程师。尽管专利工程师可以由单个院系聘用，但是如果专利工程师是大学的而不是院系的雇员，聚焦于特定技术领域并跨越大学的院或系的界限而工作，往往会更有效。

　　因此，专业为光子探测的专利工程师可以增加设计太阳能电池的电气工程系、开发高效光子探测系统以检测高能实验物理中的粒子的物理系以及开发旨在提高量子效率的新型先进材料的化学与化学工程系的获得专利的机会。

专利工程师可以为大学提供财务和教育机会做出重大贡献。他们的存在以及与学生和教员之间的互动可以帮助教育界人士了解追求专利的机会和要求。

专利工程师可以检查各个学术部门的研究人员所取得的技术进步，确保协同开发得到适当的处理，以获得恰当的专利覆盖。由于专利工程师具有技术专业知识，他们可以起草专利申请，他们起草的专利申请会比目前更广泛地覆盖大学的知识财产。同样，这里的问题是，律师是法律专家而不是技术专家，很少能够看到整个技术进步，也很少能够制定旨在拥有问题的专利战略。通过起草申请，专利工程师将会减轻研究生和教职员工的压力，从而使他们能够继续从事其他活动，同时可以向学生介绍专利。此外，专利工程师可以加快专利申请的提交，使得研究成果的发表或展示不会受到显著影响。

专利工程师还可以负责制定具有商业价值的专利战略。大学提交的专利申请往往着眼于基础技术进步，而不是具有商业价值的东西。我们再次提醒读者注意，在宝丽来公司诉柯达公司的专利侵权案中，最终具有经济价值的并不是基础化学专利。每家公司都有自己独特的生产即时照片的化学方法。相反，正是那七项描述并要求保护相当简单的使能技术的专利被证明是有价值的。最后，专利工程师可以负责确定可能对获得大学拥有的专利的许可感兴趣的企业。

十二、在大学实施专利战略

为了使大学获得具有可观经济价值的专利组合，而不是仅具有声誉价值的专利组合，专利工程师应当基于专利组合的可销售性、以发明性技术为中心来设计专利战略。此时，专利工程师应起草概括发明的权利要求，并对这些权利要求进行专利性检索，并在必要时对其进行修改。专利工程师还应提出一份初步的发明人名单，该名单由提交该专利申请的律师在最终确定权利要求后进行最终修改。这是因为发明人身份是一个法律问题，要求列出的每个发明人对至少一项权利要求做出创造性贡献。因此，专利申请中所列的发明人可能与将被出版或展示的科学论文中列为作者的那些人不同。

如果找到实现本发明目标的替代方法，专利工程师应当明确地指出本发明的优点，包括技术效益、环境效益、法律效益或成本效益等与竞争技术所提供的这些效益相比的优点。这项工作的目的是确定追求这些专利是否是对大学有利的投资。

专利工程师现在可以准备对所提出的专利战略的评估报告，将其呈递给大学的专利部门以及合适的教员。该报告应当包括所提出的权利要求的草案（须经律师审阅后修改），以及本发明的预期可销售性。在该评估报告中可以强调潜在感兴趣的公司。该评估报告的目的是不仅要提出专利战略，而且要提出大学实施该战略的经济收益和成本。

如果大学选择不继续进行专利申请，教员可以根据大学的批准情况，利用专利工程师的报告来决定是个人还是用资助金来提交申请和支付费用。

十三、专利工程师在律师事务所中的作用

在专利律师事务所中的专利工程师的作用不同于生产适合在市场上销售的产品的公司或大学所聘用的专利工程师的作用。律师事务所通过代表委托人提交和办理专利申请以及在专利颁发后向侵权公司主张专利来创造收入。相反，律师事务所在专利主张案件中也为被指控的侵权人进行辩护。具有本发明领域专业知识的专利工程师在申请的产生和办理以及诉讼中都会有重大价值。由于需要特定领域的专业知识，律师事务所基于合同聘用具有合适技术技能的专利工程师通常是最有利的。

律师事务所中的专利工程师在主张专利中的作用与公司中的专利工程师的作用相似，即识别可能受到侵犯的专利并证明公司产品中所采用的技术实际上读于（read on）专利的权利要求。因此，如果主张专利的公司已经有了合适的专利工程师，可能就没有必要在律师事务所内重复他的角色。相反，在为被指控的侵权人辩护时，律师事务所可能会受益于专利工程师的专业知识，以帮助设计、安排测试，以证明相关产品并未实施权利要求。在这两种情况下，为了确立侵权案或在准备对这类指控的辩护过程中，专利工程师都会在律师的指导下与各公司的技术团队紧密合作。

现在让我们聚焦于专利工程师在律师事务所中的另一作用：加强律师事务所在为委托人生成和办理专利申请方面的业务。为此，我们必须先设置场景，描述律师事务所建议委托人获取专利的常见情形。委托人接洽专利律师事务的目的是获得他们认为是新的产品的专利。为该事务所工作的律师将详述该设备，并着手撰写该技术的专利申请。委托人将对该申请进行检查，可能理解也可能不理解对发明或权利要求的法律描述，签署一份宣誓书，声明他们已经阅读并理解了该申请（他们是否做到了是没有实际意义的），律师将申请提交到专利局并等待由此产生的审查通知书。

在收到审查通知书后，律师可能联系委托人也可能不联系委托人，这取决于所要求的答复是完全法定形式上的，还是需要更详细的技术答复。在大多数情况下，委托人不理解审查员提出的具体驳回意见［假设该回复不是"一通"授权（first office action allowance）］，难以帮助律师起草答复意见。作为法律专家的律师可能始终没有花时间来增强该领域的专业技术知识。

上述情况无疑有很多缺点。委托人的利益并没有得到很好的满足，因为他们很可能不会得到他们想要的或为之付费的专利覆盖。此外，律师事务所也没有得到本来可以得到的计费时间。这种情况可以通过明智地利用专利工程师来改变。

我们提出了一种律师事务所与委托人互动以提高所获专利的价值的方法。这种方法对于委托人来说会具有成本效益，因为它允许使用共同公开（common disclosures），同时增加了律师事务所的计费时间。

在委托人向律师事务所递交发明公开资料后，律师事务所会聘请专利工程师。专利工程师将与委托人讨论所提出的发明，并且有可能在讨论期间进行初步的专利检索，以找出最相关的现有技术。

然后，专利工程师将提出并讨论所提出发明的加强方案和/或替代方案，旨在确保委托人将会拥有问题而不仅仅是拥有问题的特定方案。然后，基于必要时经修改的共同公开，提出一系列专利申请。

此时的关键要点是，委托人经过这次会议之后应当很好地理解了什么是可成为发明的以及如何产生一系列专利来保护其知识财产。律师事务所实际上是指导了发明人而不是简单地根据委托人所提出的对所声称的发明的描述来提交申请。专利工程师可以提出一系列权利要求草案供律师考虑，并撰写实际的公开说明书以支持这些权利要求。可以与委托人讨论这些问题，以便委托人更充分地理解法律而不是技术概念的发明。

专利工程师在专利申请的办理过程中还会有其他价值。由于具有扎实的技术知识以及专利法和技术文献方面的工作知识，专利工程师能够帮助准备对审查意见通知书的答复，必要时还能够帮助与审查员进行面谈。显然，如有必要，专业知识在准备上诉方面会很有价值。专利工程师还能酌情帮助决定和准备延续或部分延续，并且还能够帮助委托人决定正在考虑提交的专利申请将在多大程度上值得如此花费。

从本质上讲，专利工程师能够帮助律师事务所引导委托人建立他们的专利组合，并改善专利组合的质量。

十四、专利工程师与投资公司

将要讨论的最后一类可以从专利工程师的服务中受益的企业是投资公司。从向既成公司或初创公司贷款的银行，到实际购买和管理公司的贝恩资本（Bain Capital）等公司，投资公司的类型多种多样。曼宁（Manning）和纳皮尔（Napier）等公司将自己和委托人的资金投资于公开交易的公司。其他投资公司管理破产公司的资产或参与杠杆收购。

投资公司对专利有很多种兴趣。这些兴趣包括公司专利组合的货币价值的确定、通过加强该专利组合增加公司价值的能力，以及公司的市场竞争能力和可能的控制市场的能力。专利工程师可以在提升客户或子公司的价值方面提供有价值的分析和帮助。

尽管投资公司一般可以分析公司拥有的专利的现值，但在未来可能影响这些专利的技术趋势往往需要本领域技术专家的意见。

同样，投资公司检查公司的专利持有情况、将其与竞争对手的专利持有情况进行比较并制定可显著提高该公司专利组合价值的战略常常是有利的。这通常需要对所涉公司和竞争对手所拥有专利的广度和深度进行技术分析和理解，并且最好由专利工程师来完成。分析完成后，专利工程师可以为专利申请起草适当的权利要求和公开说明书，并参与办理那些获得授权后就会提高专利组合价值的申请。

十五、控制市场

世界已经发生了变化，我们适应世界的方式也必须改变，只有这样才能生存和繁荣。技术创新，一度是慢慢演进的过程，而今速度越来越快。制造的商品，在欧洲殖民时期主要由在根据重商主义的经济哲学存在的行会之下工作的工匠们生产[4]，导致了亚当·斯密的学说，正是亚当·斯密倡导了现在被称为资本主义的经济过程。❺

曾经在小型独立作坊中生产的商品现在是在工业革命期间出现的大型工厂中生产。美国有幸拥有自然资源并且受到两大洋的保护而免于战争破坏，在19世纪末到20世纪中期成为世界工业强国[5]。在20世纪的后三分之一时间，美国的工业垄断地位遭到全球工业化的侵蚀。全球竞争加剧和进步加速是全球工业化带来的挑战，而新的潜在市场也带来了机遇。

伴随着产品和服务的生产和销售方式的变化，专利法正在发生巨大而持续的变化。所有这些变化相结合，使专利在你的企业中的作用比以往更为重大。认为单单一项专利就将充分保护你的改变式样（paradigm – altering）的创新这一观念已经过时了。专利组合需要更加广泛并且要聚焦于拥有问题而不是仅仅拥有该问题的一个特定方案，因为替代方案可以很容易地设计并实施。

随着技术进步，不同行业的产品之间的互动（interactions）更加普遍。从前，燃油泵和化油器将燃油输送到内燃机的气缸中，由点火线圈和分电器产生

---

❺　有趣的是，《国富论》（*The Wealth of Nations*）于 1776 年出版，和通过《独立宣言》（*Declaration of Independence*）是同一年。

的火花将燃油点燃。今天，这一切都由计算机控制，这些计算机使用源于太空计划的技术。同样的技术也导致家用计算机、手机和互动比比皆是。在汽车行业杂志最近的一篇文章中，作者丹·莫里努奇（Dan Marinucci）在汽车的前排乘客座位上设置了手机，用于触发诊断故障码[6]。手机发出的信号显然与汽车的电子控制信号发生交互。一门学科中的技术进步的确常常会给看似不相关的企业同时带来机会和问题。

现代专利组合必须在设计时考虑到这类交互。如果构建得当，你的专利组合不仅可以用来阻挡竞争对手，而且还可以通过对竞争对手和看似不相关的行业的专利许可成为宝贵的收入来源。

此外，还必须小心谨慎，以降低侵犯他人所持有专利的风险。这常常可以通过在推出你的产品之前进行清查检索来完成。能够避免竞争对手提起的侵权诉讼是你的专利战略必不可少的组成部分。拥有覆盖你的竞争对手所需技术方案的专利是该战略的重要组成部分。

尽管技术人员对于企业非常重要，但是他们对专利一般不够熟悉。相反，专利从业人员对于专利非常在行，具有渊博的知识，但对技术或许并不在行。为了构建强固的专利组合，这两类人员必须有效地进行沟通。专利工程师拥有技术技能和专利法的知识，可以促进这种沟通。

毫无疑问，专利会影响你的业务。影响可能是积极的。它们可以通过给予你排他权来保护你的重要市场。它们可以让你与其他公司达成协议，使你可以使用他们的技术。他们可以通过专利的许可或销售来创造巨大的收入来源。另外，除非采取适当的谨慎措施，否则他人拥有的专利可能会限制甚至摧毁你的企业。

然而，正如本书通篇所讨论的那样，将专利聚焦于在新产品设计期间遇到的技术问题的特定技术方案并不足以保护你的技术。此外，仅聚焦于此类技术方案的专利组合可能没有多少价值。专利只保护你在市场中的位置，只有其他公司需要你的受保护的知识财产时，专利才有价值。这意味着这些专利是可主张的，并且它们包含你公司正在实施的特定技术方案的替代技术——你的竞争对手可能会使用的替代方案。如果可能的话，构建的专利组合应当能够让你的公司可以拥有整个问题，而不是问题的特定方案，这是非常重要的。如果你的公司不能拥有整个问题，那么拥有问题的足够大部分无疑是可取的，这样其他公司就必须与你的公司谈判专利交换协议，否则他们有被排除在市场之外的风险。实现这一目标的专利组合不会偶然发生。相反，专利组合通常是在专利工程师指导下精心策划的结果，专利工程师会与你的技术团队成员、管理人员和法律顾问合作，以确保你的专利组合实际上是你公司的有价值产品。

专利是或应当是你企业的一部分。在某些方面，它们提供了一些可以提升你的业务的机会。在其他方面，它们对你的企业构成挑战。专利确实存在，你必须与它们合作共事。选择如何与它们合作以及企业的未来都在你的掌控之中。

参考文献

1. K. G. Rivette and D. Kline, *Rembrants in the Attic*, Harvard Business School Press, Boston (2000).

2. L. G. Bryer, S. J. Lebson, and M. D. Asbell, *Intellectual Property Strategies for the 21st Century Corporation*, John Wiley and Sons, Hoboken (2011).

3. M. A. Gollin, *Driving Innovation*, Cambridge University Press, Cambridge (2008).

4. Adam Smith, *The Wealth of Nations* (1776). Modern Library, New York (1937).

5. S. E. Morison, H. S. Commager, and W. E. Leuchtenburg, *The Growth of the American Republic*, Vol. II, 6th edition, Oxford University Press, New York (1969).

6. D. Marinucci, *Motor*, pp. 10 – 12 (August 2012).

索　引

co-development activities 共同开发活动，192

coherent patent application 有条理的专利申请，193

coin operated printer 投币式打印机，113

collaboration 合作，200，201

collaborations 合作，192

color correction 色彩校正，45

combination with other pieces of related art 与其他相关技术结合，134，137

combination with other prior art 与其他现有技术结合，172

combining known technologies 组合已知的技术，128

comments 评论，意见，176，177，182，186

comments made when prosecuting one application 办理申请时所做的评论，82

commercialization 商业化，177

commercializing 商业化，59，69，156

common disclosure 共同公开，145

common disclosures 共同公开，97，145

common or similar disclosures 共同或类似的公开，131

communication 交流，沟通，45，52，55

communications 交流，沟通，191，209，216

companies 公司，33，34，37 – 39，41，42，44，46，47，49，52，53，55

companies holding patents 持有专利的公司，21

company 公司，33 – 40，42，44 – 53，56，57，143，144，147 – 150，189 – 208，211，212，214，215，217

competition 竞争，竞争对手，33，36，40，42，44，46，47，50，51，64，68，71，73，84，108，174，178，187

competitive products 竞争产品，160，161，165，178

competitive technology 竞争技术，34，160，163

competitor 竞争对手，39，44，47，48，51，53，54，56，57，63，66 – 68，72，73，76，85，100 – 103，108，110，118，122，153，154，156，158，160 – 162，165，178，180，184，187，193，197，198，204

competitors 竞争对手，21，22，26 – 28，34，35，38 – 40，42 – 44，49，51 – 53，59，66，71 – 76，81，82，88 – 91，94，101，189，191，194，195，206，215，216

computer 计算机，18，19，83，89

computers 计算机，18，19，35，36，50，216

conference papers 会议论文，63

confidential 秘密，机密，201，202

confidential disclosure agreements 秘密公开协议，201

confidential material 机密材料，109，202

confidentiality agreements 机密性协议，201

Congress 国会，55，62

considered separate inventions 被认为是分开的不同发明，117

consumer electronics market 消费电子市场，19

contacts 联络人，203

container 容器，129 – 131

continuation 延续，135

continuation-in-part 部分延续，135

continuations 延续，214

continuations-in-part 部分延续，214

contract 合同，192，200 – 203，207

contracts 合同，110

contractual basis 基于合同的，192，212

contractual company 合同公司，109 – 112，200

---

❶ 南斯拉夫生产的汽车品牌。——译者注